BEI GRIN MACHT SICH IHR WISSEN BEZAHLT

- Wir veröffentlichen Ihre Hausarbeit,
  Bachelor- und Masterarbeit

- Ihr eigenes eBook und Buch -
  weltweit in allen wichtigen Shops

- Verdienen Sie an jedem Verkauf

Jetzt bei www.GRIN.com hochladen
und kostenlos publizieren

Bibliografische Information der Deutschen Nationalbibliothek:

Die Deutsche Bibliothek verzeichnet diese Publikation in der Deutschen National-
bibliografie; detaillierte bibliografische Daten sind im Internet über http://dnb.d-
nb.de/ abrufbar.

Impressum:

Copyright © 2017 GRIN Verlag, Open Publishing GmbH
Druck und Bindung: Books on Demand GmbH, Norderstedt Germany
ISBN: 9783668447189

Dieses Buch bei GRIN:

http://www.grin.com/de/e-book/367015/validierung-einer-potentialtheoretischen-
berechnung-mit-einem-2d-cfd-verfahren

Michael Dienst

Validierung einer potentialtheoretischen Berechnung mit einem 2D-CFD-Verfahren

Beitrag zur Ermittlung der Strömungswirklichkeit von Surfboardfinnen

GRIN Verlag

Validierung einer potentialtheoretischen Berechnung mit einem 2D-CFD-Verfahren

Beitrag zur Ermittlung der Strömungswirklichkeit von Surfboardfinnen.
Mi. Dienst, Berlin im Mai 2017

INTRO

Bei der Erforschung der Fluidmechanik von Surfboardfinnen kommen neben messtechnischen zunehmend numerische Verfahren der Strömungsanalyse zum Einsatz. Abhängig von der Güte der gewählten Computermethoden bieten unterschiedliche Simulations- und Modellierungsverfahren den mit der Berechnungspraxis Betrauten auch von einander verschiedene Strömungswirklichkeiten an. Berechnungsergebnisse, die gelegentlich von der experimentell beschreibbaren Strömungsrealität abweichen. Es ist in diesem Zusammenhang Aufgabe der Wissenschaft, die Tauglichkeit der unterschiedlichen Konzepte, Methoden und Verfahren der Modellierung, Berechnung und Simulation zu ermitteln und auszuloten, ihre Stärken und Schwächen nach Fragestellungen und Einsatzgebieten zu ordnen.
Stand der Technik und der Wissenschaft ist die Finite Volumen Methode. Sie stellt den numerischen Kern performanter kommerzieller Simulationsprogramme. Die verwendeten physikalischen Modelle, die Simulationsvor- und Nachbereitung in den Systemumgebungen, die Datenaufbereitung und deren graphische Darstellung besitzt heute ein hochprofessionelles Niveau. In Verbindung mit einer sich stetig fortentwickelnden Hardware sind die mit diesem CFD-Verfahren herstellbaren Berechnungswirklichkeiten von anerkannt hoher Güte und Aussagekraft. CFD-Verfahren besitzen die fluidmechanische Deutungshoheit im wissenschaftlichen Diskurs und liefern sowohl Grundaussagen zu klassischen Strömungsphänomenen etwa in der Lehre, als auch Detailinformationen in der Entwurfs- und Konstruktionsphase der industriellen Produktentwicklungen von Strömungsbauteilen, Fahrzeugen und Innenströmungen bis hin zur Analyse in der Bioströmungsmechanik und der und fluidmechanischen Diagnose in der Medizin.
Gleichzeitig existieren potentialtheoretische Berechnungsverfahren, deren Grundkonzepte schon vor nahezu hundert Jahren festlagen und die heute in ihrer Einfachheit wie aus der Zeit gefallen wirken. Zu Unrecht, finde ich, sind diese schnellen, gelegentlich als „dirty Code" bezeichneten Berechnungsverfahren ein wenig in Vergessenheit, wenn nicht sogar in Verruf geraten. Dabei gibt es durchaus Arbeitsgebiete, auf denen ihre Vorteile herausragen. Gerade in der frühen Phase von Forschungs- und Entwicklungsprojekten, in der Funktionsanalyse und in der Konzeptphase setzen wir „unseren Potentiallöser", eingebettet in eine auf die speziellen Belange der Analyse der Surfboardfinnen abgestimmte Programmumgebung ein: LABFin. Da außerdem die Absicht besteht, zukünftig auch strömungsdynamische Phänomene in virtuellen Umgebungen darzustellen, lasten gewisse Erwartungen auf der Ausentwicklung schneller bis sehr schneller Berechnungsmethoden und Verfahren. Der Aufsatz erörtert kurz die wesentlichen Unterschiede zwischen CFD-Methoden und potentialtheoretischen Verfahren und stellt anschließend die jeweiligen Berechnungsergebnisse für ein einfaches ebenes Strömungsphänomen zusammen.

STRÖMUNGSSIMULATION

In den Naturwissenschaften und in der Technik sind es fluidmechanische Fragestellungen, die sowohl einen hohen strukturellen Aufwand wie Windkanäle, Strömungsmessstrecken und ausgefeilte numerische Methoden (Strömungssimulation, Computational Fluid Dynamics, CFD), als auch eine sehr hohe theoretische Sachverständigkeit aller Beteiligten fordern. Für die Erforschung der Strömungswirklichkeit von Surfboardfinnen kommen analytische Methoden und Simulationsprogramme zum Einsatz. Gegenstand dieser Untersuchungen sind sehr einfache Profilkonturen synthetischer Surfboardfinnen. In der Hochschulforschung und in der Industrie ist heute in erster Linie kommerzielle Simulationssoftware im Einsatz. Als erste kommerzielle CFD-Programmsysteme zur numerischen Strömungssimulation waren in den 80er Jahren des vergangenen Jahrhunderts PHOENICS (1981), Fluent (1983) und Flow-3D (1985) verfügbar. Der Begriff CFD umfasst das Aufstellen und Lösen gekoppelter Differentialgleichungen und Randbedingungen mittels algebraischer Gleichungssysteme, die Numerik und Näherungsverfahren, die statt exakter Lösungen von Differentialgleichungen Approximationen liefern, auch die vorbereitenden Arbeiten am Rechner und die Aufbereitung und Auswertung der Ergebnisse. Die Wahl des Strömungsmodells und die Deklaration der Randbedingungen des strömungsmechanischen Problems sind die wichtigsten Festlegungen zu Beginn jeder Simulation. (Preprocessing) das Einlesen der Geometrie, die Erzeugung des Rechennetzes, die Definition der Fluideigenschaften oder die Festlegung der Anfangs- und Randbedingungen. Das eigentliche Lösen der partiellen Differentialgleichungen mit einem numerischen Verfahren ist der Kern jeder Simulation. Wichtige Kriterien zur Auswahl des passenden Näherungsverfahrens sind etwa die Genauigkeit, die Stabilität, die Flexibilität oder die notwendige Anzahl an Iterationen. Nach erfolgreichem Simulationslauf wird das berechnete Ergebnis in Textform oder graphisch ausgegeben. Zur besseren Darstellung der zahlreichen Daten werden die Feldgrößen in verschiedene Diagrammtypen aufbereitet wiedergegeben (Postprocessing) Abschließend ist zu überprüfen, ob und wie genau die Rechenergebnisse mit evtl. experimentellen Messungen, mit Werten aus der Literatur oder Lösungen anderen numerischen Methoden übereinstimmen.

Laborfinnen nach dem LABFin-Standard werden im Laufe der Untersuchung als materielle Technik- und Technologie –Demonstratoren und als Computermodelle vorliegen; sie sollen einer numerischen Evaluation zugänglich sein. Die Strömungssimulationsverfahren, die für die Analyse von Unterwasserbauteilen eingesetzt werden können, lassen sich grob in Kategorien einteilen. Erweiterte potentialtheoretische Verfahren zur Berechnung der Konturnahen Strömung und des näheren Fernfeldes mit so genannten Panel-Codes. Die 2D-Strömungswirklichkeit des klassischen Potentiallösers kann durch eine schichtweise Anwendung auf die Finnengeometrie mit Traglinienverfahren (Prandtl) zu einem quasi-3D-Berechnungsansatz aufgebaut werden immer dann, wenn auch Lösungsmodell für endliche Tragflügel existiert. Mittelschnittverfahren auf der Grundlage klassische Potentiallöser stellen bei sehr einfachen Finnengeometrien eine Option dar. Bei zylindrischen Finnen – diese kommen bekanntlich weder in der belebten Natur noch in der Praxis artifizieller

Strömungsbauteile vor - sind unter Berücksichtigung der Randbogenumströmung sogar die aus der Simulation von Strömungsmaschinen bekannten Mittelschnittverfahren zulässig. RANSE-Verfahren lösen eine zeitlich gemittelte Form der Navier-Stokes-Gleichung mit Finite Volumen Verfahren. Bei der Analyse der Finnen interessieren Auftriebs- und Widerstandskennwerte , Kenngrößen der konturnahen Grenzschicht, die Vorhersage der Strömungsablösung und die Berechnung der Strömungswirklichkeit im näheren Fernfeld der Finne. Potentiallöser, RANSE-Verfahren und hochperformanten Grenzschichtverfahren ist gemeinsam, dass sie auf Erhaltungsgleichungen basieren. Die meisten kommerziellen Computerprogramme zur Strömungssimulation verwenden so genannte Reynolds-gemittelte Navier-Stokes-Gleichungen. Derartige CFD-Solver benötigen oft längere Rechenzeiten zur Simulation und Berechnung der Strömungswirklichkeit von Surfboardfinnen. Auf der anderen Seite der Skala stehen Potentialtheoretische Verfahren. Hier verkürzen sich die Berechnungszeiten um den Faktor 1000. Zunächst werden die wesentlichen Eigenschaften der potentialtheoretischen Verfahren angesprochen ohne jedoch auf Grundaussagen der klassischen Strömungsmechanik einzugehen. Hier sei auf die einschlägige Literatur[1] verwiesen [Tham-08] [Lech-14] [Scha-13] [Oert-11].

Bei der Analyse mit der Potentialtheorie werden Gleichungen gelöst, deren verallgemeinernde Beschreibung der sogenannte Arbitrary Lagrangian-Eulerian-Formulierung folgt.

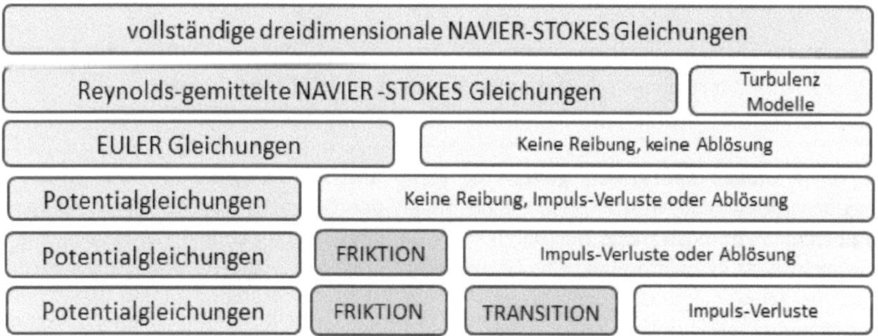

Strömungen können auf unterschiedliche Weise beschrieben werden. Die EULER-Formulierung geht von einem raumfesten Koordinatensystem aus. Werden dagegen materielle Partikel des strömenden Mediums verfolgt, so spricht man von der sogenannten materialbezogenen oder LAGRANGE-Formulierung. Bei der Untersuchung der Fuid-Struktur Wechselwirkung beweglicher, strömungsadaptiver Bauteile in einem Fluid müssen stark verformte Bereiche oder bewegliche Grenzen in der jeweiligen Formulierung abgebildet werden. Für eine gemeinsame Beschreibung der Bewegungen eines Mediums darf eine übergeordnete, willkürliche (engl. arbitrary) Beschreibung aus raum- und materialbezogener Formulierung, die sogenannte Arbitrary Lagrangian-Eulerian-Formulierung (ALE) erfolgen.

---

[1] Siekmann, H.E., Thamsen, P. U. (2008) Strömungslehre Grundlagen, Springer Verlag Berlin Heidelberg. Lecheler, S. (2014)Numerische Strömungsberechnung Springer Verlag Berlin Heidelberg.
Schade, H. (2013) Strömungslehre. De Gruyter Verlag.
Oertel jr., H., Böhle, M., Reviol, Th. (2011) Strömungsmechanik, Grundlagen. Springer Verlag Berlin Heidelberg.

Angewandt auf das Gebiet κ und mit dem NABLA-Operator[2] kann für die Erhaltung von Masse, Impuls und Energie geschrieben werden:

$$\textbf{Masse:} \qquad d\rho/dt \;\; = (\delta\rho/\delta t)_\kappa + v \cdot \nabla\rho$$

$$\textbf{Impuls:} \qquad \rho(dv/dt) = \rho((\delta v/\delta t)_\kappa + (v \cdot \nabla)v\,)$$

$$\textbf{Energie:} \qquad \rho(dE/dt) = \rho((\delta E/\delta t)_\kappa + v \cdot \nabla E\,)$$

Auf einer abstrakten Ebene liefert die (dimensionslose) Navier-Stokes-Gleichung Aussagen über Transportvorgänge in einer Strömungs-Wechselwirklichkeit:

Lokale Beschleunigung	+	_konvektive Beschleunigung_	=	_Druck_	+	_Reibung_
$(\delta v/\delta t)_\kappa$	$+$	$(v \cdot \nabla)\, v$	$=$	$-\nabla p$	$+$	$\Delta v \cdot Re^{-1}$

Die vereinfachte Betrachtung der reibungsfreien Umströmung ist die EULER-Gleichung[3]:

Lokale Beschleunigung	+	_konvektive Beschleunigung_	=	_Druck_
$\rho\,(\,(\delta v/\delta t)_\kappa$	$+$	$(v \cdot \nabla)\, v\,)$	$=$	$-\nabla p$

EULER-Gl. für eindimensionale Strömung u(s): $\qquad (\delta u/\delta t) + u\,(\delta u/\delta s) = -\,1/\rho\,(dp/ds)$

BERNOULLIi-Gl. für reibungsfreie stationäre Strömung : $\quad u^2/2 + p/\rho = const.$

Die Navier-Stokes-Gleichungen gelten für (fast) alle Strömungen. Um das gegebene Strömungsproblem lösen zu können, sind neben der Geometrie auch fluidmechanische Randbedingungen notwendig. Nur durch die Wahl physikalisch richtiger Randbedingungen stellt sich auch eine Strömung ein. Grundsätzlich fragen wir zuerst: Was strömt in das Strömungsgebiet ein, was strömt heraus. Welcher Art ist die Strömung an den Wandungen des Modells. Wir unterscheiden die Randbedingungen nach physikalischen Randbedingungen, pRB und numerischen Randbedingungen, nRB. Hierin sind: pRB, alle vorgegebenen Größen am (Berechnungs-) Rand und nRB, alle berechenbaren Größen am (Berechnungs-) Rand. Die Anzahl der zu lösenden Erhaltungsgleichungen muss der Summe aller physikalischen Randbedingungen Σ pRB und aller numerischen Σ nRB entsprechen. Im dreidimensionalen Fall sind das also $S_{3D} = \Sigma$ nRB $+ \Sigma$ pRB $= 5$. Die eine numerische Randbedingung (innen) am Einströmrand EIN wird vom Simulationsprogramm berechnet, die vier äußeren physikalischen Randbedingungen pRB müssen vorgegeben werden; z.B. den Totaldruck p_t, die Totaltemperatur T_t die Zuströmrichtung in der xz-Ebene (bzw. das Verhältnis der Zuströmgeschwindigkeit w/u) und die Zuströmung in der xy-Ebene (bzw. das

---

[2] Der Nabla Operator ∇ angewandt auf ein Skalarfeld f: **grad f** $= \nabla f = \delta f/\delta x + \delta f/\delta y + \delta f/\delta z$

     Der Nabla Operator ∇ angewandt auf ein Vektorfeld V: **div V** $= \nabla \cdot V = \delta V_x/\delta x + \delta V_y/\delta y + \delta V_z/\delta z$

[3] Die EULER-Gleichung für eine eindimensionale Strömung u(s) lautet: $(\delta u/\delta t) + u\,(\delta u/\delta s) = -\,1/\rho\,(dp/ds)$

Verhältnis der Zuströmgeschwindigkeit v/u) die wir in unserem virtuellen Finnen-Strömungskanal als den Anströmwinkel α benennen werden. In anderen Anwendungen sind Randbedingungen, wie beispielsweise der Massenstrom $\underline{m}$ anzugeben. Am Abströmrand AUS wird lediglich eine physikalische Randbedingung gefordert, in der Regel ein statischer Druck p=konst. oder eine statische Druckverteilung p=f(y,z); die vier numerischen Randbedingungen werden vom Simulationsprogramm berechnet. Am Festkörperrand des Strömungsraumes müssen vier physikalische Ranbedingungen angegeben werden - drei Geschwindigkeitskomponenten und die Wandtemperatur, bzw. deren Gradient falls dieser bekannt ist - und eine Randbedingung nRB wird vom Programm berechnet. Bei reibungs-behafteten Strömungen gilt (die so genannte Haftbedingung) dass die Geschwindigkeits-komponenten an der Wand verschwinden: u=v=w=0.

Turbulenzmodelle. Die oben angesprochenen vollständigen, dreidimensionalen Navier-Stokes-Gleichungen können durchaus numerisch gelöst werden. Jedoch ist für eine allgemeine turbulente Strömung, bei der auch kleinste Turbulenzen aufgelöst werden (sollen), der Berechnungsaufwand erheblich, weil hier die zu deklarierenden Volumenelemente sehr klein sind. In der Berechnungspraxis haben sich deshalb CFD-Programme etabliert, die Reynolds-gemittelte Navier-Stokes-Gleichungen lösen. Die Berechnungsungeauigkeiten können somit auf ein erträgliches Maß eingesteuert werden. Bei Reynolds-gemittelten Navier-Stokes-Gleichungen werden die kleinen Turbulenzenm durch Turbulenzmodelle ersetzt mit dem Vorteil, dass das Berechnungsnetz die kleinen turbulenten Schwankungen nicht mehr auflösen muss. Die tatsächlichen Strömungsgrößen ρ, u, v, w, e werden durch ihre Mittelwerte $\underline{\rho}$, $\underline{u}$, $\underline{v}$, $\underline{w}$, $\underline{e}$ und ihrer Schwankungsgröße $\Delta\rho$, Δu, Δv, Δw, Δe ersetzt, also u=$\underline{u}$+Δu, w=$\underline{w}$+Δw, usw. In der Literatur wird die explizite Schreibweise (etwa w=$\underline{w}$+Δw) oftmals vernachlässigt, die Reynolds-Mittelung unterstellt so dass die Navier-Stokes-Gleichungen die gleiche Erscheinung bilden, wie der vollständige Ansatz. Mit der Reynolds-Mittelung wir natürlich die Güte der gesamten Simulation vom Turbulenzmodell abhängig. Wenn belspielsweise die Umschlagpunkte von der laminaren in die turbulente Strömung (Transition) oder der Ablösepunkt der turbulenten Strömung an einer Körperwand (Separation) interessieren, sind entsprechend fein auflösende Turbulenzmodelle zu wählen. An dieser Stelle soll nur sehr allgemein auf die Unterschiede und die (wechsel-) wirksame Physik hinter den Modellen eingegangen werden. Neben den rein laminaren Modellen die bei höheren Reynold Zahlen die Strömungswirklichkeit nicht abbilden finden verschiedene Wirbelviskositätsmodelle Anwendung.

Laminar-Modell	nur bei kleinen Reynold-Zahlen anwendbares Strömungsmodell.
Null-Gleichungs-Modell:	Die Wirbelviskosität wird durch ein algebraisches Modell angenähert (z.B. das Baldwin-Lomax-Modell).
Ein-Gleichungs-Modell:	Der Transport der der turbulenten kinetischen Energie wird mit einer DGL berücksichtigt (z.B. Spalart-Allmaras-Modell).
Zwei-Gleichungs-Modell:	Die Wirbelviskosität wird wird mit zwei DGL berücksichtigt (z.B. k-ε-Modell, k-ω-Modell oder das Shaer-Stress-Modell, SST).
Reynolds-Spannungs-Modell:	Die Komponenten des Reynold-Spannungstensors werden berechnet; damit ist die Richtungsabhängigkeit der Turbulenz beschreibbar.
Nichtmittelnde Modell:	Die Navier-Stokes-Gleichungen werden vollständig gelöst. Hier werden die Verfahren unterschieden: LES (Large Eddy Simulation), DES (Detached Eddy Simulation und DNS (Direct Numerical Simulation).

Das Baldwin-Lomax-Modell verwendet keine Transportgleichungen, sondern nur ein algebraisches Ersatzmodell. Bei abgelösten Strömungen arbeitet dieses Verfahren ungenau. Das k-ε-Modell war lange Zeit Industriestandard. Hier werden zwei Transportgleichungen für die turbulente kinetische Energie k und die turbulente Dissipation ε. Auch hier wird die Ablösung an der Körperwand nachlässig – im Sinne von zu spät und eher „optimistisch" - behandelt. Beim k-ω-Modell ist in dieser Hinsicht die abgebildete Strömungswirklichkeit näher an der physikalischen Realität. Neben der turbulenten Dissipation ε wird in diesem Zwei-Gleichungs-Modell die turbulente Frequenz ω verwendet, die schon bei nicht allzu feiner Gitterdiskretisierung in Wandnähe gute Ergebnisse liefert. Aus den Erfahrungen in der Berechnungspraxis wurde das SST-Modell entwickelt. Es kombiniert das robuste k-ε-Modell mit den guten Eigenschaften des k-ω-Modells. Das Shaer-Stress-Modell (SST) liefert gute Berechnungsergebnisse hinsichtlich Transition und Separation in der Grenzschicht.

POTENTIALLÖSER

Die durch Potentiallöser erstellte Strömungswirklichkeit kann in ausgesuchten Fällen mit hoher Wahrscheinlichkeit an das reale Strömungsphänomen hinreichen. In der Potential-theorie werden, unter Berücksichtigung spezieller Randbedingungen, geschlossene (Potential-) Gleichungen aufgestellt und gelöst. Eingebettet in moderne Programm-umgebungen können potential-theoretische Berechnungen sehr schnell sein. Wir betrachten in diesem Handout nur ebene Strömungsfelder. Wegen der Linearität der Gleichungen gilt für Potentialströmungen das Superpositionsprinzip, das die Darstellung und Berechnung komplexer Lösungen aus der Überlagerung von einfachen Strömungen für die Elementarlösungen erlaubt. Bei Potentialströmungen ist die Zirkulation immer dann Null, wenn keine Singularitäten eingeschlossen werden. Mit der Zirkulation lassen sich Wirbelstärke und Auftriebskräfte an einem Tragflügel berechnen. Als Potential werden hierbei Skalarfunktionen verstanden, deren partielle Ableitung eine Größe mit physikalischer Bedeutung angibt. Ist eine Strömung wirbelfrei, so folgen aus dem Gradienten der Feld-funktion die Geschwindigkeitskomponenten der Strömung. Bei wirbelfreien Strömungen sind die Vektorkomponenten nicht mehr unabhängig voneinander sondern über das Potential verbunden. Nach dem Satz von Kutta-Joukowsky kann die auftriebsbehaftete Umströmung eines Profils als Kombination aus Parallel- und Zirkulationsströmung betrachtet werden, wenn die (Kutta`sche) Abflussbedingung erfüllt ist. Diese fordert ein glattes Abströmen des Fluids an der Hinterkante.

Programmsysteme wie JAVAFOIL, EPPLER PROFIL und XFOIL[4] sind robuste, einfache Codes zur zweidimensionalen Strömungsberechnung nach der Potentialtheorie. Sie arbeiten jedoch

---

[4] Das frei verfügbare Programm *JavaFoil* ist in der Programmiersprache Java geschrieben. The potential flow analysis is done with a higher order *panel method* (linear varying vorticity distribution). Taking a set of airfoil coordinates, it calculates the local, inviscid flow velocity along the surface of the airfoil for any desired angle of attack. http://www.mh-aerotools.de/airfoils/javafoil.htm
The Eppler program PROFIL from *Public Domain Computer Programs for the Aeronautical Engineer* containing the original source code, the source code converted to modern Fortran, and several test cases, references for the Eppler program and a revision of Eppler models that includes a correction for compressibility in: http://www.pdas.com/epplerdownload.html

mit einigen Einschränkungen. In diesem Handout betrachten wir das Programmsystem JAVAFOIL. Die Analyse des Strömungsgeschehens in der Grenzschicht eines Tragflügels ist bei einem Potentiallöser direktional. Die Grenzschichtanalyse gibt also keine Rückmeldung an die potentialtheoretische Strömungslösung und enthält keine (zur Konvergenz führenden) Iterationsschleifen. Die Direktionalität schränkt damit die Aussagekraft der berechneten Strömungswirklichkeit des Potentiallösers über eine reale Strömung ein. Für das wandnahe Strömungsgeschehen berechnet JAVAFOIL keine laminaren Trennblasen und modelliert keine Strömungstrennung in derartigen Strömungsgebieten. Immer dann, wenn solche Effekte auftreten, werden die Berechnungsergebnisse ungenau. Eine Auftrennung der Strömung, wie sie bei Stall auftritt, wird nur bis zu einem gewissen Grad durch empirische modellierte Korrekturen beschrieben. Strömungstrennung und speziell Stall sind dreidimensionale Strömungsgeschehen und auch schnittweise durch einen zweidimensionalen Strömungslöser nicht darstellbar. Für Strömungszustände, die jenseits des Stallpunktes liegen, liefert der (zweidimensionale) Potentiallöser ungenaue Ergebnisse. Eine genauere Analyse der Grenzschichtströmung würde ein anspruchsvolleres Verfahren zur Lösung der Navier-Stokes-Gleichungen erfordern; dies ist (im Falle einer CFD-Rechnung) mit einer Steigerung der CPU-Zeit um den Faktor 1000 verbunden.

Im Potentiallöser JAVAFOIL ist eine klassische Panel-Methode implementiert, um das lineare Potential-Flow-Feld zu bestimmen. Wie bei den meisten Panel-Methoden erhöht sich die Lösungszeit für das lineare Gleichungssystem mit dem Quadrat der Anzahl der Unbekannten. Daher ist es ratsam, die Anzahl der Punkte auf Werte zwischen 50 und 150 zu begrenzen. Diese relativ kleine Zahl liefert bereits ausreichend Genauigkeit der Ergebnisse.

Für die Simulation der wandnahen (Grenzschicht-) Strömung wird eine Grenzschichtintegration nach Eppler[5] durchgeführt. Solche ganzheitlichen Methoden basieren auf Differentialgleichungen, die das Wachstum der Grenzschichtparameter in Abhängigkeit von der lokalen Strömungsgeschwindigkeit ermitteln. Während genaue analytische Formulierungen für laminare Grenzschichten vorhanden sind, ist für den turbulenten Teil eine empirische Korrelationen erforderlich. Methoden zur Vorhersage des Übergangs von laminar zu turbulenter Strömung wurden seit den frühen Tagen der Prandtl'schen Grenzschichttheorie von vielen Autoren entwickelt. Grundsätzlich ist es möglich, die Stabilität einer Grenzschicht numerisch zu analysieren. Dennoch sind alle praktischen und schnellen Methoden mehr oder weniger auf empirische Beziehungen angewiesen, die meist aus Experimenten abgeleitet sind. Die lokalen Parameter an einem Punkt P auf der Kontur des Profils sind das Ergebnis einer Integration (der Strömungsgrößen um P) und enthalten und verarbeiten damit Informationen über die Geschichte der Strömung. Die Wirkung der Rauigkeit auf den Übergang von der laminaren in die turbulente Strömung ist komplex und kann mit einem Potentiallöser nicht genau simuliert werden. Auch moderne direkte numerische Simulationsmethoden haben Schwierigkeiten den Effekt zu simulieren. JAVAFOIL besitzt einen Friktionsansatz mit dem zwei Effekte der Oberflächenrauigkeit modelliert werden: (1)

XFOIL wurde in den 1980er Jahren von Mark Drela als Entwicklungstool im Daedalus-Projekt beim Massachusetts Institute of Technology programmiert.

XFOIL ist ein interaktives Programm zum Entwurf und zur Berechnung von Tragflächenprofilen im Unterschallbereich.

[5] Siehe auch: Richard Eppler: Airfoil Design and Data. Springer, Berlin, New York 1990.

Die laminare Strömung wird auf einer rauen Oberfläche destabilisiert, was zu einem vorzeitigen Übergang führt und (2) laminare als auch turbulente Strömung erzeugen auf rauen Oberflächen einen höheren Reibungswiderstand. Aus dem Vergleich mit Lösungen aus Experimenten am Strömungskanal kann dem Potentiallöser in ausgesuchten Fällen eine zufriedenstellende Voraussagewahrscheinlichkeit attestiert werden. Rotorfreie Potentialströmungen sind Wirbelströmungen. Unter der Drehung einer Strömung kann man sich die Rotation der einzelnen Fluidteilchen um die eigene Achse vorstellen.

Die Wirbelstärke $\underline{\omega}$ ist definiert als: $\underline{\omega}$=½ rot v . Die Komponenten der vekt. Wirbelstärke $\underline{\omega}$:

$\underline{\omega}_x$=½ ((δv/δy) - (δv/δz)) und $\underline{\omega}_y$=½ ((δv/δz) - (δv/δx)) und $\underline{\omega}_z$=½ ((δv/δx) - (δv/δy))

Bei Potentialströmungen ist die Strömung rotorfrei; es gilt also: $\underline{\omega}$=½ rot v = 0.

0=((δv/δy) - (δv/δz)) und 0= ((δv/δz) - (δv/δx)) und 0= ((δv/δx) - (δv/δy))

Eine weitere wichtige Größe als Maß für die Drehung der Strömung über eine Fläche A ist die Zirkulation. Definiert ist Zirkulation Γ als Linienintegral der Geschwindigkeit über eine beliebig geschlossene Kurve L im Strömungsfeld. Ob und im welchem Ausmaß sich Wirbel auf einem Gebiet A befinden, kann demnach über die Zirkulation bestimmt werden. Mit Hilfe des Stokes´schen Integralsatzes lässt sich der Zusammenhang von Drehung und Zirkulation beschreiben. Für Potentialströmungen ist die Zirkulation immer Null, wenn keine Festkörper oder Singularitäten mit eingeschlossen wurden. Über die Zirkulation lassen sich, Wirbelstärke und Auftriebskräfte berechnen.

In der Potentialtheorie werden Strömungsfelder mittels Stromlinien dargestellt. Wenn Kontinuität herrscht (0=δu/δx + δv/δy) und das ist natürlich hier der Fall, ist die Stromlinie eine sehr anschauliche Metapher für die Strömungswirklichkeit um einen Körper in der Art, dass sie die Tangenten der vektoriellen Hauptströmungsrichtung graphisch darstellt. In stationären Strömungen repräsentieren die Stromlinien die Teilchenbahnen. Ausgenommen an Staupunkten, an denen sich mehrere Stromlinien treffen können, schneiden sich Stromlinien nicht, da an einem Punkt nicht gleichzeitig zwei Geschwindigkeiten herrschen können. Stromlinien sind also quasi fiktive Konstrukte und dennoch kommen sie uns alltäglich vor. Wie selbstverständlich rauschen auf der abendlichen Wetterkarte Geschwindigkeits-Pfeile auf Stromlinien über Isobaren und Temperaturfelder. Das Auge hat bereits verstanden, was Strömungen und Potentiale zu bedeuten haben.

Stromlinien sollen also mit einem Pärchen aus zwei sehr nützlichen Funktionen, einerseits der Stromfunktion Ψ und einer ihr mathematisch sehr verwandten Potentialfunktion Φ beschrieben werden. Der auf den ersten Blick vielleicht umständlich erscheinende Ansatz über die Stromfunktion und eine auf dieser orthonormal abbildbaren Potentialfunktion, bringt tatsächlich Klarheit in die Argumentation. Erinnern wir uns noch einmal an die Strömungsgrößen ρ, u, v, w so werden die Stromlinien (in der ebenen Betrachtungsweise: x,y) durch genau diese Stromfunktion **Ψ = konst** beschrieben. Für die Geschwindigkeitskomponenten u und v schreiben wir:

In x-Richtung: **u = δΨ/δy** sowie: u δy = δΨ und in y-Richtung: **v = - δΨ/δx** sowie: v δy = -δΨ

Dieser Ansatz ist sehr leistungsfähig und erfüllt die oben angeführten Erhaltungssätze. Wir setzen die Stromfunktion (u=δΨ/δy) jetzt in die Kontinuitätsgleichung 0=δu/δx + δv/δy ein:

$$0 = δu/δx + δv/δy = δ^2Ψ/δxδy - δ^2Ψ/δxδy = 0$$

Wir hatten Rotorfreiheit gefordert, also: 0 = δv/δx - δu/δy und als eine Definition der Potentialströmung behandelt. Auch hier ersetzen wir die Geschwindigkeitskomponenten in der Beziehung in x-Richtung (u = δΨ/δy) sowie in y-Richtung (v = - δΨ/δx) und erhalten die als **Laplace-Gleichung** bekannte Form:

$$δ^2Ψ/δx^2 - δ^2Ψ/δy^2 = 0 = ΔΨ$$

Die Änderung der Stromfunktion ist Null, die Stromfunktion selbst ist konstant. In unserem Definitionsfall zumindest[6]. Potentiale sind Skalarfunktionen, deren Ableitung nach einer Koordinate eine physikalische Größe angibt (wir erinnern uns an die Wetterkarte oben im Text). Ist eine Strömung wirbelfrei, so ergeben sich die Geschwindigkeitskomponenten der Strömung aus dem Gradienten der Feldfunktion. Die Potentialfunktion Φ = Φ(x, y) zeigt demnach das Geschwindigkeitspotential des Vektorfeldes an, falls für die Geschwindigkeit <u>v</u> gilt: <u>v</u> = gradΦ. Die Potentialfunktion fragt nach der Veränderlichkeit (gradient) der Geschwindigkeit der (Strömungs-) Elemente in einem Strömungsfeld.

Für das Potential Φ gilt also: grad Φ = {u, v} = { (δΦ/δx), (δΦ/δy) }

Potentialfunktion Φ und Stromfunktion Ψ stehen senkrecht auf einander. Dieser Zusammenhang zwischen den Ableitungen der Potentialfunktion Φ und jener der Stromfunktion Ψ wird durch eine als **Cauchy-Riemann-Differentialgleichung** bekannte Form beschrieben.

$$δΦ/δx = δΨ/δy \quad und \quad δΦ/δy = - δΨ/δx$$

Potentialfunktion und Stromfunktion bilden ein orthogonales Kurvennetz: gradΦ· gradΨ = 0.

$$δΦ^2/δx^2 + δΦ^2/δy^2 = 0 = ΔΦ$$

Auch die Änderung der Potentialfunktion ist Null und die Potentialfunktion selbst ist damit konstant. Die Potentialtheorie ist unbequem, nicht beliebt aber elementar. Die gesamte geschlossen-analytische, die klassische Strömungsmechanik ist mit der Potentialtheorie

---

[6] Ist die Änderung der Stromfunktion ungleich Null, also (δ^2Ψ/δx^2 - δ^2Ψ/δy^2) = D(x,y,t) eine orts- und zeitabhängige Funktion („Diffusionsterm D(x,yt)"), erhalten wir eine als „POISSON-Gleichung" bekannte Form.

herleitbar. Alle Wirbelmodelle, die (Wirbel-) Sätze von Thomson und Helmholtz und auch der so überaus nützliche (Wirbel-) Satz von Biot und Savart basieren auf der speziellen Anwendung (Strömungsmechanik) einer allgemeinen Feldtheorie. Angewandt auf die Elektrotechnik ist der Satz von Biot und Savart beispielsweise das elektrodynamische Prinzip. Wir sollten nicht müde werden über die Universalität einer Feldtheorie zu grübeln. Eine Herleitung elementarer Potential-Strömungen findet man in den klassischen Lehrbüchern zum Thema. Sehr anschaulich und elementar werden Potential- und Stromfunktion entwickelt in Siegloch [Siegloch] der auch auf die Superponierbarkeit der Elementarlösungen eingeht und die konforme Abbildung als Methode zur Analyse beliebiger Profilkonturen erörtert. Nützlich sind in diesem Zusammenhang die potentialtheoretischen Ursachen und Zusammenhänge mit der klassischen Wirbeltheorie in [Thamsen]. Kurz gehe ich ein auf eine äußerst elegante Schreibweise der Elementarlösungen der Potentialströmung. Zur Berechnung eines Geschwindigkeitspotentials wird die zweidimensionale Betrachtungsebene als komplexe Zahlenebene aufgefasst, in der der Wert des Potentials als Realteil einer Funktion F dargestellt wird:

$$F(z) = \Phi(x,y) + i\,\Psi(x,y) \qquad \text{mit } z = x + i\,y$$

Die Funktion F ist das komplexe Geschwindigkeitspotential mit den Geschwindigkeiten u und v: $\qquad u = \delta\Phi/\delta x \quad$ und $\quad v = \delta\Phi/\delta y$.

Die komplexe Geschwindigkeit w ist dann: $\qquad w = u - i\,v = dF/dz$.

- Translationsströmung in x-Richtung, Potential: $\Phi = u\,x$. und Stromfunktion $\Psi = u\,y$.
- Translationsströmung in y-Richtung, Potential: $\Phi = u\,y$. und Stromfunktion $\Psi = u\,x$.

In der komplexen Ebene:
- Beliebige Parallelströmung $\quad F(z) = w\,z \qquad$ mit $\qquad w = u - i\,v$. folgt $F(z) = z(u - i\,v)$
- Quellen $\qquad F(z) = (Q/2\pi)\ln(z) \qquad u = Q\,x/(2\pi\,x^2 + y^2)$ und $\qquad v = Q\,y/(2\pi\,x^2 + y^2)$
- Pot.-wirbel $\quad F(z) = (\Gamma/2\pi)\,i\ln(z) \qquad u = \Gamma\,x/(2\pi\,x^2 + y^2)$ und $\qquad v = \Gamma\,y/(2\pi\,x^2 + y^2)$
- Dipol $\qquad F(z) = m/z \qquad\qquad u = m\,(x^2 + y^2/(x^2 + y^2)^2)$ und $\quad v = -\,m\,(2xy/(x^2 + y^2)^2)$

Für die Anwendbarkeit der Potentialtheorie auf strömungsmechanische Aufgabenstellungen wurden Verfahren entwickelt, die spezielle Fragen nach Geschwindigkeitsverteilungen, lokalen Druckgradienten nahe dem Strömungskörper und den Strömungsgrößen im näheren Umfeld der Kontur beantworten.
Eine ausentwickelte Methode ist das so genannte Panelverfahren, mit dem auch der in diesem Aufsatz beschriebene Potentiallöser arbeitet. Das Panelverfahren ist eine lineare Randelementmethode für Potentialströmungen und auf inkompressible, reibungs- und wirbelfreie Strömungen begrenzt, also gerade auf Strömungen, die mit der Laplace-Gleichung bearbeitet werden können. Das verallgemeinerte Panel-Verfahren ist dreidimensional und infinitesimal. Dazu stelle man sich eine (unendliche Anzahl) von

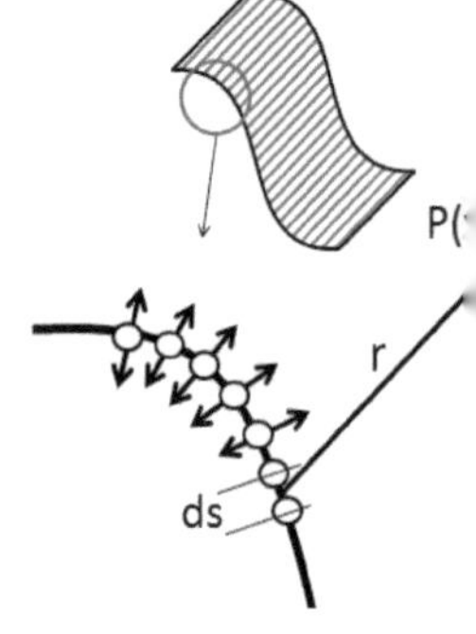

nebeneinander liegenden Linien-Quellen bzw. Linien-Senken vor. Die nebeneinander angeordneten Linienquellen (respektive Senken) bilden eine Quellfläche. Die Kontur der Quellfläche erscheint als Kurve s, auf der die (Linien-) Quellen im Abstand einer Einheitslänge ds aufgereiht angeordnet sind. Definieren wir eine lokale spezifische Quellstärke pro Einheitslänge $\lambda = \lambda(s)$. Die Quellstärke eines infinitesimal kleinen Streckenelements ds wird λds. Dieses infinitesimale Stückchen der (gesamten) Quellfläche kann als eine einzelne Linien-Quelle der Stärke λds aufgefasst werden. Eine (Linien-) Quelle der Stärke λds induziert an einem beliebigen Punkt P = P(x,y) im Abstand r(x,y) von der Quelle ein infinitesimales Potential[7] $d\Phi = (\lambda ds/2\pi)$ ln(r). Das gesamte Potential, das durch die (gesamte) Quellfläche induziert wird, erhält man aus der Integration der infinitesimalen Potentiale $d\Phi$ über die gesamte Weglänge s. Die Quellstärke kann entlang des Weges s variieren, so dass dann neben Quellen auch Senken (negative Quellen) erscheinen. Ein Quellenfläche besteht (in Wirklichkeit) aus einer Kombination eine Quellen und Senken.

Wie andere numerische Diskretisierungsverfahren dient das Panelverfahren der Analyse und Berechnung von Anfangs- und Randwertproblemen. Anders als bei Finite Volumen Verfahren etwa, liegt bei dieser linearen Randelementmethode eine sehr hilfreiche Vereinfachung in der Beschränkung der Diskretisierung auf die betrachtete Körperoberfläche. Es ist also nicht notwendig, den gesamten Strömungsraum mit Volumenelementen beschreiben (zu diskretisieren). Ähnlich der Singularitätenmethode (siehe Elementarlösungen, oben) wird beim Panelverfahren zunächst die Körperoberfläche in Panels mit Elementarströmungen zerlegt. Nun lassen sich die Oberflächenkräfte dadurch ermitteln, dass im Flächenmittelpunkt der einzelnen Panels die Potentialgleichungen gelöst werden.

Jedes Panel trägt eine Verteilung an Potentialströmungen konstanter Stärke. Zwischen den Panels allerdings variiert die Stärke der Singularltäten. In einem nächsten Schritt wird die Quellstärke Q (Dipolmoment M für Dipolströmungen) in den einzelnen Flächenelementen über die Erfüllung einer linearen Randbedingung ermittelt derart, dass die Stromlinien die Profiloberfläche ersetzt und die Normalgeschwindigkeit verschwindet. Die Kontur wird also durch eine besondere Stromlinie repräsentiert. Auf dieser existiert nun lediglich die Tangentialgeschwindigkeit. Allerdings ist wegen der Reibungs- und Drehfreiheit die Stokes'sche Haftbedingung für die Randkontur nicht erfüllt und Widerstandskräfte und Schubspannungen können nicht (unmittelbar) aus den Ergebnissen der Potentialtheorie berechnet werden. In einem Potentiallöser, der mit generalisierten Koordinaten arbeitet werden diese Geschwindigkeiten auf die Geschwindigkeit V_∞ aus der (Rand-) Anfangsbedingung bezogen so dass die dimensionslose Geschwindigkeit v/V_∞ [8]über die Konturoberfläche dargestellt werden kann. Das Verfahren liefert uns ein lineares Gleichungssystem aus dem sich die Geschwindigkeiten und auch die Druckfelder für jeden Punkt im Strömungsfeld bestimmen lassen

---

[7] Eine Linien-Quelle induziert an einem beliebigen Punkt ein infinitesimales Potential $d\Phi = (\lambda ds/2\pi)$ ln (r). Dies ist in der angegebenen Literatur zu eroieren. Die oben angeführte Argumentation ist entnommen einem Skript der HS Bremen. http://homepages.hs-bremen.de/~kortenfr/Aerodynamik/script/node30.html

[8] Systemgeschwindigkeit $V=v_\infty$.

Der Druckkoeffizient c_p[9] besitzt einen Gradienten über die Kontur $c_p(x)$ und wird mit der aus der klassischen Strömungsmechanik bekannten Form aus der lokalen, spezifischen Geschwindigkeit bestimmt. Hierbei wird die Bernoulli-Gleichung dazu benutzt, den Druck aus den Geschwindigkeitskomponenten zu ermitteln.

$$\text{Bernoulli} \quad p_0 + \tfrac{1}{2}\,\rho_\infty\,V^2 = p + \tfrac{1}{2}\,\rho_\infty\,v(x)^2 \quad \text{in [Pa].}$$

Für inkompressible Strömungen ($\rho_=\rho_\infty$) liefert das den lokalen Druckkoeffizienten $c_p(x)=p(x)/p_0$ aus einer Beziehung über die Systemgeschwindigkeit $V=v_\infty$.

$$c_p(x) = 1 - (v(x)/v_\infty)^2$$

STANDARDISIERUNG

Das Analyseprogramm LABFin[10] liefert ein numerisches Modell einer standardisierten Surfboardfinne und wird als Bibliothek in ein lauffähiges Hauptprogramm eingebunden. Dies kann eine Entwicklungsumgebung sein oder eine auf die besonderen Analysebelange zugeschnittenes Steuerprogramm. Das Programm LABFin ermittelt die Manövrierleistung der standardisierten Laborfinne nach dem Mittelschnittverfahren für Tragflügelanalysen. LABFin ist ein sehr einfaches Programm und sollte in der laufenden Kampagne nur den Taschenrechner als Fehlerquelle ersetzen. In der derzeitigen Version (2017) ist LABFin auf verfügbare Datensätze der zu betrachtenden Tragflügelprofile angewiesen. Es kann sich dabei um Messdaten[11] über reale Tragflügelprofile handeln, oder wie in unserem Fall, um Berechnungsergebnisse der potentialtheoretischen Untersuchung. Grundsätzlich können die Integral und Mittelwerte, die LABFin verarbeitet aus einer zweidimensionalen CFD-Berechnung stammen. Mit der Beziehung $C_L = 2L/\rho \cdot A_a \cdot v^2)$ für den Liftbeiwert aus gemessenen oder (CFD-) berechneten Strömungskräften L berechnet LABFin die Manövrierleistung der dreidimensionalen Finne. In der hier angeführten Untersuchung wird ein Traglinienverfahrens[12] nach Prandtl auf ein materielles Tragflügelsegment (WingSection) angewandt und die Liftkraft auf die Profilkontur als Vergleichsgröße für eine Evaluierung berechnet.

---

[9] $c_p = 2\,(p(x) - p_0)\,/\,(\rho \cdot V^2)$ Normdruck p_0 = 101 325 [Pa] = 101,325 [kPa] = 1 013,25 [hPa] = 1 013,25 [mbar], Normzustand bei T= 273,15 [°K] bzw. T=0 [°C] entsprechend DIN 1343.

[10] Dienst, Mi. (2017) Zur numerischen Analyse einer Laborfinne. Mittelschnittverfahren und Manövrierleistung. GRIN-Verlag GmbH München, ISBN(e-Book): 9783668374188, ISBN(Buch): 9783668374195

[11] Siehe auch: The Airfoil Investigation Database, http://www.worldofkrauss.com/foils/578
UIUC Airfoil Coordinates Database, http://www.ae.illinois.edu/m-selig/ads/coord_database.html

[12] Dienst, Mi. (2016) Fast Fluid Computation, FFC, München, GRIN Verlag, http://www.grin.com/de/e-book/322622/fast-fluid-computation-ffc

<u>Berechnete und abgeleitete Größen in LABFin:</u>

GEOMETRIE

Tragflügelfläche (Aufprojektion)	A_a	$[m^2]$	
Tragflügelfläche (Frontprojektion)	A_p	$[m^2]$	
Tragflügelfläche (benetzt)	A_b	$[m^2]$	
Tragflügeltiefe, Profiltiefe	t	$[m]$	
Tragflügeltiefe (Tip)	b	$[m]$	
Tragflügellänge	a	$[m]$	
Schlankheitsgrad	λ	$[-]$	$\lambda = A_a/b^2$

KRÄFTE

Strömungskraft	F_S	$[N]$	
Drehmoment (Seefahrzeug)	M_{FZ}	$[Nm]$	
Auftrieb, Querkraft, Lift	L	$[N]$	$L = c_a \cdot A_a \cdot v^2 \cdot \rho/2$
Formwiderstand	R_F	$[N]$	$R_F = c_w \cdot A_p \cdot v^2 \cdot \rho/2$
Reibungswiderstand	R_R	$[N]$	$R_R = c_r \cdot A_b \cdot v^2 \cdot \rho/2$
induzierter Widerstand	R_I	$[N]$	$R_I = c_I \cdot A_a \cdot v^2 \cdot \rho/2$

KOEFFIZIENTEN

Querkraftbeiwert (Messung)	c_L	$[-]$	
Widerstandsbeiwert	c_r	$[-]$	$c_r = 1{,}327 \cdot (Re)^{-1/2}$
Widerstandsbeiwert (glatt)	c_r	$[-]$	$c_r = 0{,}074 \cdot (Re)^{-1/5}$
induzierter Widerstand[13]	c_I	$[-]$	$c_I = \lambda\, c_L^2 / \pi$

ENERGIE und LEISTUNG

translatorische Verschiebung	s	$[m]$	
Rotations-Drehwinkel	γ	$[°]$	
Geschwindigkeit (scheinbar ~)	v	$[ms^{-1}]$	
Winkelgeschwindigkeit (See-Fz)	ω	$[s^{-1}]$	
Arbeit, Energie	W	$[Nm],[J]$	
Leistung (strömungsmechan. ~)	P	$[Nms^{-1}],[Js^{-1}],[W]$	
Erforderliche Verschiebearbeit	W	$[J]$	$W_T + W_R = \Sigma\, F_S\, \Delta s + \Sigma\, M_{FZ}\, \Delta\gamma$
Erforderliche Verschiebeleistung	P	$[W]$	$P_T + P_R = \Sigma\, F_S\, \Delta v + \Sigma\, M_{FZ}\, \omega$

Für Rechtecktragflügel mit homologer Profilverteilung wird auf die Anwendung des feinauflösenden Traglinienverfahrens, das einen gewissen Deklarationsaufwand erfordert, verzichtet und ein so genanntes Mittelschnittverfahren verwendet.

---

[13] gemäß elliptischer Auftriebsverteilung nach Prandtl

CFD- SIMULATION

DESIGN und DEKLARATIONEN. Zu Beginn jeder Berechnungskampagne zu einer Simulation mit der CFD-Methode wird zunächst das Berechnungsgebiet erzeugt und die Art der Simulation festgelegt. Grundsätzlich ist zu überprüfen, ob Symmetriebedingungen vorliegen und damit Vereinfachungen im Berechnungsablauf zu erwarten sind. Die Berechnung soll im Medium Wasser stattfinden und Wärmeübergangsszenarien sind zunächst nicht vorgesehen. In dieser Kampagne kommt das Programmsystem SolidWorks Flow Simulation[14], deren Technische Datenbank (Engineering Database) enthält die physikalischen Eigenschaften von vordefinierten und benutzerdefinierten Gasen, realen Gasen, inkompressiblen Flüssigkeiten, nicht-newton'schen Flüssigkeiten, kompressiblen Flüssigkeiten, Feststoffsubstanzen und porösen Materialien enthält. Die Datenbank enthält darüber hinaus die konstanten Werte und Tabellenwerte für die Temperatur- und Druckabhängigkeit von verschiedenen physikalischen Parametern. In einem typischen Fall wird eine über Volumenmodelle definierte CAD-Konstruktion der zu untersuchenden Geometrie In das Simulationsprogramm importiert. Reine Oberflächen-Modeler[15] gelten im Maschinenbaubereich als weniger geeignet, sind aber durchaus eine Option. Das im Yachtdesign etablierte oberflächenorientierte CSD-Programmsystem Rhinoceros beispielsweise exportiert Date in dem SolidWorks kompatiblen ~.SLDPRT Ausgabeformat. Im relevanten Simulationsprogramm muss ein Strömungsraum definiert werden. Da es bei den hier betrachteten Strömungswirklichkeiten um die Simulation der Außenströmung einer zweidimensionalen Profilkontur handelt, erhält der zu definierende Strömungsraum die Gestalt einer (genügend großzügigen) Scheibe. Zwischen den Wänden des Berechnungsraums wird das Strömungsbauteil positioniert. Das Einheitensystem des CFD-Solvers ist an dieser Stelle zu beachten.

MESHING. Zu jeder Strömungssimulation und Berechnung muss ein Rechennetz erzeugt werden sofern nicht aus einer vorangegangenen Kampagne die Kondition des Berechnungsnetzes übernommen wird. Definiert wird eine globale Netzpunktzahl, mit der die die Gitterfeinheit der Berechnungskampagne korreliert. Es sollen lokale Netzverfeinerungen vorgenommen werden mit dem Ziel, die objektfernen äußeren Strömungsgebiete von einer zu hohen Diskretisierungsdichte zu entlasten. Kommerziell verfügbare Programmsysteme[16] zur Rechennetzerzeugung sind sehr leistungsfähig und erzeugen auch für komplexe Geometrien hochwertige Netze mit hinreichender Genauigkeit. Grundsätzlich ist zu beachten, dass die Netzzellen rechtwinklig und möglichst quadratisch sind. Die Änderungsraten sollten nicht größer als 1,2 sein. Das Rechennetz muss in Gebieten mit starken Gradienten der zu ermittelnden Strömungswirklichkeit verdichtet sein. Gerade in einer zu untersuchenden Wandgrenzschicht und bei starken Krümmungen sollte das Berechnungsgitter 10 oder mehr Schichten besitzen. Ausgehend von einem Standardnetz ist an kritischen Konturen das Rechengitter zu verfeinern. Wird eine Berechnungskampagne zum allerersten Male durchgeführt ist unbedingt eine Gitterstudie (Netzunabhängigkeitsstudie)

---

[14] Die Angaben sind auszugsweise der Produktinformation des Herstellers entnommen und beziehen sich auf den konkreten Anwendungsfall. Das für den Autor dieser Untersuchung verfügbare Programmsystem ist lizensiert: SolidWorks Flow Simulation, Version 16/17.

[15] Rhinoceros (typically abbreviated Rhino, or Rhino3D) is a computer-aided design (CAD) application software developed by Robert McNeel & Associates; an American, privately held, employee-owned company, that was founded in 1980. Rhinoceros geometry is based on the NURBS mathematical model, which focuses on producing mathematically precise representation of curves and freeform surfaces in computer graphics (as opposed to polygon mesh-based applications). Aus: https://en.wikipedia.org/wiki/Rhinoceros_3D

[16] MESHING ICEM-CFD (Ansys, Fluent),

durchzuführen. Hierzu werden Berechnungen auf unterschiedlich feinen Rechennetzen durchgeführt und beobachtet.

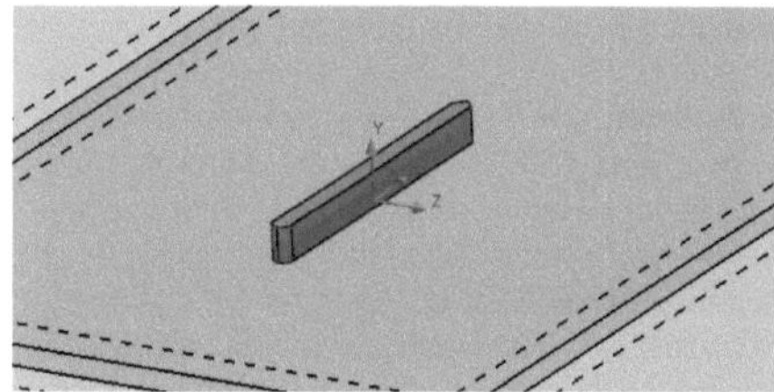

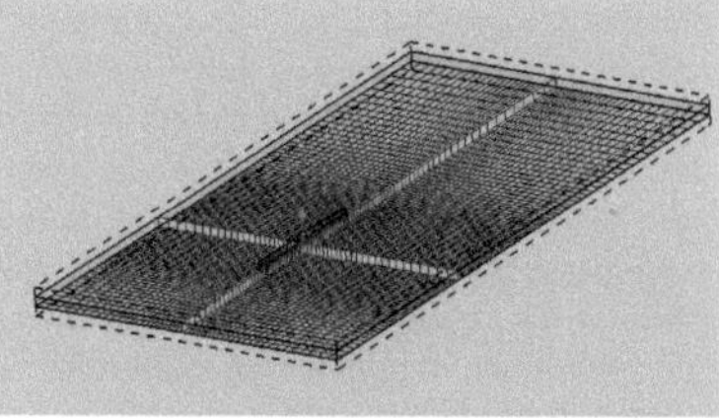

PRE Processing. Neben den Material- und Fluideigenschaften werden hier alle Berechnungsparameter definiert. Strömungsart (stationär, instationär) Materialeigenschaften (Fluid, Festkörper, Stoffwerte) das Turbulenzmodell und die Berechnungsdauer und Umfang (Zeitschritte) werden gesetzt und die Wandbedingungen (Wall Conditions) für Zu- und Abströmwand und der Objektwand festgelegt. Wir geben außerdem einen Wert für die Wandrauheit sowie thermische Wandbedingungen an. Als Anfangsbedingungen (Initial Conditions sind die die Anfangswerte der Strömungsparameter anzugeben. Je genauer die angegebenen Werte bei internen stationären Problemen dem erwarteten Strömungsfeld entsprechen, desto kürzer wird die Analysezeit sein. Bei stationären Strömungsproblemen führt das Simulationsprogramm solange Iterationen aus, bis die Lösung konvergiert. Bei nicht stationären (transienten bzw. zeitabhängigen) Problemen wird die Simulation mit einer vorweg deklarierten Berechnungsdauer ausgeführt.

CFD Solver. Zur Strömungsberechnung wird das Rechennetz und die vom Pre-Processing erzeugte Datei eingelesen. Zum Berechnungsbeginn ist eine Startlösung erforderlich. In der Regel wird dieser erste Hub vom CFD-Programmsystem selbständig aus den Randbedingungen erzeugt. In einer Berechnungskampagne sollte eine vernünftige wesensverwandte Lösung als Startkonfiguration (ggf. von Hand) ausgewählt werden. Moderne Programmsysteme lassen verteilte Berechnungen (auf mehrknotigen Prozessoren) zu. Diese Option ist in jeden Einzelfall (verfügbare Hardware) zu überprüfen.

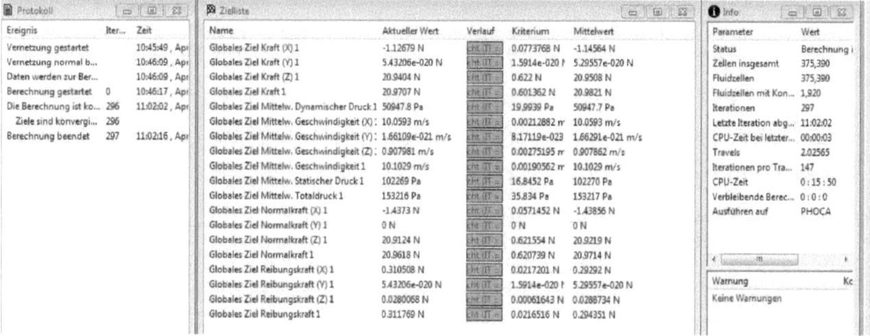

POST Processing. Zur Visualisierung der Berechnungsergebnisse stehen zahlreiche Auswertemöglichkeiten zur Verfügung. Die Strömungswirklichkeit kann mit Stromlinien, Strömungsvektoren oder auch durch in der Strömung mitschwimmende Partikel dargestellt werden. Auf Bauteiloberflächen sind Druck- und Temperaturverteilungen darstellbar. Tabellen und Diagramme sind durch den Anwender vereinbar.

Bei unseren Profilkonturen sind die Kraftgrößen in der Betrachtungsebene (hier: x,z) von Bedeutung. Moderne Programmesysteme, wie der hier verwendete CFD-Solver, bieten die Möglichkeit Strömungsfilme zu erstellen und in kompatiblen Formaten abzuspeichern. Voreinstellbare Berechnungssensitivitäten (Result resolution) bestimmen letztendlich Lösungsgenauigkeit und Konvergenz, die als Auflösung der Berechnungsergebnisse interpretiert werden kann. Sie ist abhängig von der gewünschten Lösungsgenauigkeit, der verfügbaren CPU-Rechenzeit und des Arbeitsspeichers des Computers. Natürlich hat die Lösungsgenauigkeit Einfluss auf die Anzahl der erzeugten Netzzellen, die CPU-Rechenzeit und den Computerspeicher verantwortlich.

NETZE. Wie ist der Berechnungsraum und das Berechnungsgitter zu bemessen? Bei der Auswahl sind geometrische, numerische und physikalische Abhängigkeiten des Modells und deren Auswirkungen auf die Simulationsqualität der Berechnungskampagne zu berücksichtigen. Beginnen wir mit Letzteren, denn hier hat der Anwender nur geringen Einfluss auf die Qualität der Analyse. Der Konvergenzverlauf der Zielgrößen der CFD-Analyse bei der Untersuchung der Strömungswirklichkeit um eine Profilkontur zeigt, dass der Iterationsaufwand mit den Friktionsberechnungen wächst. Wir sprechen hier von CPU-Zeiten in der Größenordnung von bis zu einem Drittel der Gesamtberechnungszeit. Die CPU-Zeit entspricht der realen Berechnungszeit. Die vorausberechnete Zeit liegt meistens über der realen Zeit. Eine Änderung der Analyseparadigmen wird automatisch das zu Grunde liegende physikalische Modell der CFD-Simulation verändern oder in Frage stellen, was in aller Regel unerwünscht ist.

Die Deklaration lokaler Netzverfeinerungen ist eine probate Option, die Analyseergebnisse zu verbessern. Die „geometrische Stellschraube" ist das interessanteste, wenn auch heikelste Entscheidungskriterium. Die Auswahl und Bemessung des Berechnungsraumes ist in erster Linie eine Frage der grundsätzlichen Herangehensweise an das gestellte Analyseproblem. Besteht die Aufgabenstellung der Simulation darin, dass beispielsweise ein strömungsdynamischer Messaufbau in seinen Einzelheiten und geometrischen Eigenheiten möglichst exakt beschrieben werden soll, sind die geometrischen Parameter des realen Vorbilds zwingend. Die Strömungswirklichkeit einer zweidimensionalen Profilkontur soll in einem möglichst einfachen Modellansatz qualitative und quantitative Berechnungsergebnisse liefern, die Integralwerte vorliegen und mit relevanten Größen aus der potentialtheoretischen Simulation verglichen werden. Die Visualisierung steht nicht im Vordergrund.

VALIDIERUNG

Die Netz- und Gitterstudien der CFD-Simulationskampagne sind in 2 Serien organisiert. Die Simulationskampagne **A** in der Tabelle findet in einem determiniert-planarem 2D-Berechnungsraum (H=0.01m x B= 0.45m x L=0.3m) statt. Die Simulationskampagne **B** benutzt einen Berechnungsraum mit einem etwas vergrößerten Nachlaufgebiet (H=0.01m x B= 0.3m x L=0.55m). Es werden unterschiedliche Netzverfeinerungen im globalen Gitter und verschiedene Sekundärnetze um die Kontur herum gefahren. Ein exemplarisches Berechnungsprotokoll ist im Anhang niedergelegt.

Numerische CFD Simulation der Strömungswirklichkeit einer Surfboardfinnenkontur / Platten-Profil PLT 006

	Geometrie			Simulation / Organisation				Berechnungsziele						Hinweise
	Berechnungsraum[m]			Netz-Qualität			TimeCPU	Kräfte [N] (Mittelwert)			Geschwindig. [m/s]			
	B	H	L	Zellenzahl	Q	V	[h:m:s]	Radial z	Axial x	Fric. x	vx	vz	α °	DOC
A	0.45	0.01	0.30	11.686	2	K	00:00:32	26.72	1.28	0.21	10.1	0.95	5.4	2D+lokal2+fein1
	0.45	0.01	0.30	73.216	2	K	00:04:21	27.68	0.87	0.24	10.0	0.94	5.3	2D+lokal2+fein1
	0.45	0.01	0.30	73.216	2	W	00:01:58	27.74	0.88	0.64	10.0	0.94	5.3	2D+lokal2+fein2
	0.45	0.01	0.30	562.126	2	K	00:21:00	29.09	0.71	0.23	10.0	0.94	5.3	2D+lokal3+fein2
	0.45	0.01	0.30	1.118.960	3	K	00:55:30	29.85	0.89	0.18	10.1	0.94	5.3	2D+lokal3+fein2
	0.45	0.01	0.30	1.174.684	3	K	00:48:11	28.28	0.53	0.23	10.0	0.93	5.3	2D+lokal3+fein3
	0.45	0.01	0.30	1.887.448	4	K	01:47:30	29.79	0.89	0.18	10.1	0.94	5.3	2D+lokal3+fein4
B	0.30	0.01	0.55	2.662.617	5	Z	02:19:08	30.45	0.14	0.39	10.1	0.93	5.3	2D+lokal3+fein5
	0.30	0.01	0.55	2.662.617	5	K	02:52:33	30.14	0.13	0.39	10.1	0.93	5.3	2D+lokal3+fein5

Potentialtheoretische Berechnung der Strömungswirklichkeit einer Surfboardfinnenkontur / Platten-Profil PLT 006

								Radial z	Axial x	Fric. x	vx	vz	α [°]	
C	--	0.01	--	--	-	K	< 00:00:01	28.35	0.25		10		5.0	CL=0.567
	--	0.01	--	--	-	K	< 00:00:01	29.00	0.25		10		5.3	CL=0.580
	--	0.01	--	--	-	K	< 00:00:01	30.45	0.25		10		5.5	CL=0.619
	--	0.01	--	--	-	K	< 00:00:01	33.20	0.25		10	1	5.7	CL=0.664
	--	0.01	--	--	-	K	< 00:00:01	33.45	0.25		10		6.0	CL=0.669

Berechnung= K: konvergiert, A: Abbruch, Z: Zwischenstopp, W: Wiederholung, aufbauend

Tabelle1: Gitterstudie, Netzqualität und Berechnungsziele der Simulationskampagne

Die Daten aus den potentialtheoretischen Berechnungen werden dabei einer Schar zweidimensionaler CFD-Simulation mit unterschiedlichen Netzverfeinerungen und Gittergüten gegenübergestellt. Als Berechnungsziele der CFD-Analyse sind in dieser Kampagne die integralen radialen Strömungskräfte (Fz) und axialen Strömungskräfte (Fx) auf die Profilkontur relevant. Die Reibungskräfte (Fr) wurden berechnet aber in der Validierung zunächst außen vor gelassen. Die berechneten Strömungsgeschwindigkeiten sind referentiell. Der Anstellwinkel der Strömung an das Profil ergibt sich als systembedingt abhängige Berechnungsgröße aus den Anfangsrandbedingungen $v(x) = 10\,ms^{-1}$ und $v(z) = 1\,ms^{-1}$ in der Mehrzahl aller Berechnungen zu α= 5,3°. Von den Berechnungsgrößen des Potentiallösers wurden ebenfalls lediglich die integralen radialen Kräfte (Fz) und axialen Strömungskräfte (Fx) auf die Profilkontur berücksichtigt und als Validierungskriterium herangezogen. Das Reibungsmodell des Programmsystems LABFin wurde nicht abgefragt. Bei der potentialtheoretischen Analyse wurde bei einer Strömungsgeschwindigkeit von $v(x) = 10\,ms^{-1}$ der Anstellwinkel in sehr kleinen Schritten variiert, was in der Simulationskampagne **C** der Tabelle dargestellt ist. Die Variation des Anstellwinkels funktioniert vor dem Hintergrund einer Validierungskampagne wir der Nonius eines fein einstellbaren Messgeräts. Mit dem Potentiallöser als elastische Komponente in der Validierung, lässt sich also ein Vergleichspunkt der beiden Analysemethoden sehr feinskalig ansteuern. Diesen Vorteil gegenüber anderen Verfahrens-vergleichen sollte man zu würdigen wissen. Mit der Variation des Anstellwinkels werden unterschiedliche Auftriebskräfte ermittelt. Da sich die CFD-Analyse im Mittel aller Berechnungen auf einen Anstellwinkel von α= 5,3° einschwingt, wurde nun diese Anfangsrandbedingung in der Kampagne der Berechnungen des Potentiallösers fokussiert.

Die mit dem Potentiallöser ermittelte Radialkraft (respektive der Lift) des Profilsegments bei einem Strömungs-Anstellwinkel von α= 5,3° der Kontur, beträgt L(α=5,3) = 29.00 N; der dazu gehörige

Liftkoeffizient C_L= $C_L(\alpha=5{,}3)$= 0.580. Damit sei die Vergleichs-Berechnungsgröße „Liftkraft" seitens des Potentiallösers eingestellt.

Betrachten wir nun zunächst die Kampagne **B** der CFD-Analyse. Die hohe Zahl von etwa 2.5 Mio. Elementen hat ihre Ursache einerseits in dem gewählt feinen Berechnungsgitter, andererseits ist die materielle Größe des 2D Berechnungsgebietes mit 0.5 m Tiefe in axialer Richtung für eine, in Realmaßen gemessene Profilkontur von 100 mm Länge, durchaus respektabel. Die in der Berechnung unterbrochene und die auskonvergierte Lösung unterscheiden sich hinsichtlich der ermittelten Radialkraft (respektive der Lift) des Profilsegments nur um etwa 1% und ermittelt (in der auskonvergierten Lösung) einen Lift von $L(\alpha=5{,}3) = 30.14$ N. Erfahrungen aus der Berechnungspraxis legen den Schluss nahe, dass mit zunehmender Güte der Vernetzung die vom CFD-Löser angebotene Strömungswirklichkeit näher an die physiklasche Realität heranrückt. In diesem Sinne sei die Kampagne **B** der CFD-Analyse die Referenz der Gitterstudie unserer Validierung. Tabelle 2 fasst das Geschehen noch einmal zusammen. Die aus der Strömung herrührende Radialkraft auf das Profilsegment ist die Zielgröße der Kampagne. Betrachten wir nun die Abweichungen der jeweils berechneten Radialkraft aus den Simulationen (1) bis (6) von der Referenzsimulation (M) wird die obige Aussage tendenziell bestätigt, auch wenn man von einer wünschenswert stark kausalen Beziehung weit entfernt ist. Dennoch ist ersichtlich, dass mit einer Zellenzahl von etwa 1 Mio. (4) und einem skaliert halb so mächtigen Gitter (3) Abweichungen von weniger als ein Prozent vom Master-Modell (M) erreicht werden können. Rücknahmen in der Gittergüte haben natürlich Einfluss auf die erforderlichen Berechnungszeiten. Während das Master-Modell 10E5 Sekunden CPU-Zeit verbraucht, sind die erforderlichen Zeiten der Simulation (4) mit 3330 [s]und der Simulation (3) mit 1260 [s] schon als moderat zu bezeichnen, bei tolerabler Abweichung in den Zielgrößen. Die Simulation (5) zeigt, dass Gittergüte und Berechnungsqualität nicht immer korrelieren. Das Verfeinerungsgebiet des Gitters besitzt ein paar Steuerungsparameter deren optimale Einstellung manchmal auch einer „glücklichen Hand" bedürfen. Die Abweichung der berechneten Zielgrößen von der Mastersimulation (M) ist im Falle der Simulation mit dem Potentiallöser (P) mit einem Fehler von etwa 4% unter wissenschaftlichen Maßstäben wenigstens als grenzwertig anzusehen, unter praktischen Gesichtspunkten aber beachtlich. Gegenüber der Mastersimulation (M) genießt die potentialtheoretische Simulation (P) einen Vorteil in der CPU-Zeit von 1/10E5. Gegenüber den als zufriedenstellend erachteten Simulationen (3) und (4) liegt der Zeitvorteil mit immerhin 1/3000 bzw. 1/1000 im Rahmen der aus der Erfahrung mit Potentiallösern stammenden Erwartungswerte. Die Abweichung gegenüber der tolerablen Simulation (3) liegt im Falle der potentialtheoretischen Lösung bei unter einem Prozent (0.003%).

Ich werde nicht müde, den Potentiallöser und seine Berechnungsumgebung, das Programmsystem LABFin, zu loben. Natürlich sollen die Computermodelle das reale physikalische Geschehen gut oder sehr gut abbilden. Aber gerade in der frühen Phase eines Projekts und/oder im Zuge einer Optimierungskampagne reichen oftmals relative Daten, also Verbesserungen und Verschlechterungen der Zielparameter zweier oder mehrerer sich gegenüberstehender Varianten aus, um das Fortschreiten der Entwicklung zu beobachten und voranzutreiben. In

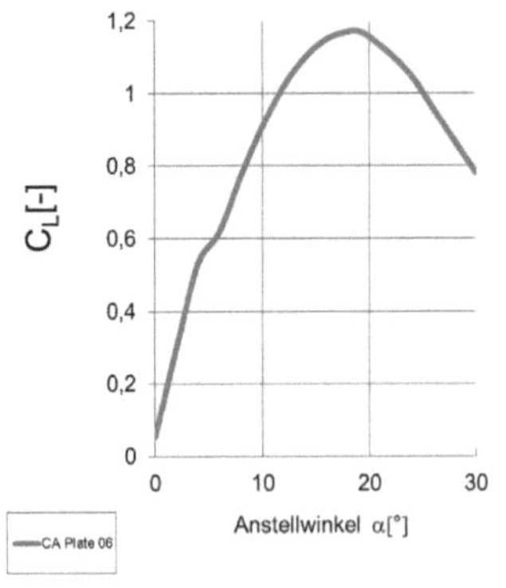

diesen in der Forschung doch sehr wahrscheinlichen Szenarien bleibt eine durch einen Strömungslöser generierte (Strömungs- Wechselwirklichkeit, die ihr zu Grunde liegende Methode, das angewandte numerisches Verfahren über die Variation der Parameter und der Simulation durch ein Computerprogramm konsistent, so dass der Simulations-ansatz taugt.

Insofern sind wir an dieser Stelle mit unserem Potentiallöser sehr zufrieden. Potentialtheoretische Verfahren zeichnen sich durch einen geringeren Rechenaufwand für die Beschreibung strömungsphysikalischer Phänomene aus. Der Panel-Code ist sehr schnell und realisiert eine Software für den Lehrbetrieb und Laborausbildung, die die Studierenden einlädt und ermutigt, das experimentell Erfahrene und das theoretisch Erarbeitete in einer Computersimulation nachzustellen, oder selbst gestellte Aufgaben eigenverantwortlich und mit einer selbst gewählten Geschwindigkeit des Voranschreitens zu lösen.

Von wissenschaftlicher Relevanz sind Berechnungsprogramme und Strömungslöser, die sich in projektspezifische Umgebungen einbetten lassen. Dazu existieren anwendungsfreundliche Schnittstellen zu Berechnungsanwendungen (Matlab, SciLab, Maple). Wirtschaftlich und technologisch relevant sind Computerprogramme, die auch kundenspezifische Aufgaben lösen. Besondere Anforderungen an Hard- und Anwendungssoftware stellt die Simulation insbesondere dann, wenn schnelle Berechnungsergebnisse und Lösungen erforderlich sind. Strömungsdarstellungen in virtuellen Räumen, wie etwa einer CAVE[17] verlangen zunehmend Berechnungen, die nahe an der Echtzeit rangieren. In Zukunft werden CAVE-Systeme nicht nur im Bereich der computerunterstützten Konstruktion (CAD) eingesetzt, um Entwicklern in einem dreidimensionalen Panoramasystem das spätere Aussehen von Bauteilen, Komponenten oder ganzen Maschinenanlagen zu vermitteln, sondern angestrebt werden Szenarien, in denen physikalische Wechselwirkungen, etwa simulierte Stromungen in Echtzeit manipuliert und dargestellt werden können. Rezente CFD-Pragramme lösen diese Aufgabe selbst dann nicht, wenn in einem ersten Hub auf exakte Berechnungen verzichtet werden darf.

	Netztyp	Gitterzellen	CPU Zeit	CPU Zeit [s]	Zielgröße	Fehler	Fehler [%]
1	lokal2+fein1	11.686	00:00:32	32	26.72	0.113	11.3
2	lokal2+fein1	73.216	00:04:21	261	27.68	0.082	8.2
3	lokal3+fein2	562.126	00:21:00	1260	29.09	0.008	0.8
4	lokal3+fein2	1.118.960	00:55:30	3330	29.85	0.009	0.9
5	lokal3+fein3	1.174.684	00:48:11	2891	28.28	0.062	6.2
6	lokal3+fein4	1.887.448	01:47:30	6450	29.79	0.012	1.2
M	lokal3+fein5	2.662.617	02:52:33	10353	30.14	0.0	0.0
P	Gitterlos	--	00:00:01	1	29.00	0.038	3.8

---

[17] Cave Automatic Virtual Environment, abgekürzt: CAVE;

Bibliographie, Quellen und weiterführende Literatur

[Abbo-59]   Ira H. Abbott, Albert E. von Doenhoff: Theory of Wing Sections: Including a Summary of Airfoil Data. Dover Publications, New York 1959.

[Bech-93]   Bechert, D.W.: Verminderung des Strömungswiderstandes durch bionische Oberflächen. In: VDI-Technologieanalyse Bionik, S. 74 – 77. VDI-Technologiezentrum Düsseldorf 1993.

[Bech-97]   Bechert, D.W., Biological Surfaces and their Technological Application. 28th AIAA Fluid Dynamics Conference: 1997

[Die 17-10]   Dienst, Mi. (2017) Liftkoeffizienten für Standardprofile aus kubischen Ersatzfunktionen. Beitrag zu Strömungswirklichkeit von Surfboardfinnen. GRIN-Verlag GmbH München, ISBN(e-Book): 9783668442849, ISBN(Buch): 9783668442856

[Die 17-9]   Dienst, Mi. (2017) Handout zur potentialtheoretischen Untersuchung einer standardisierten Laborfinne. Beitrag zu Strömungswirklichkeit von Surfboardfinnen. GRIN-Verlag GmbH München, ISBN(e-Book): 9783668442825, ISBN(Buch): 9783668442832

[Die 17-8]   Dienst, Mi. (2017) Zur potentialtheoretischen Untersuchung der Strömungs-wirklichkeit einer standardisierten Laborfinne. Beitrag zur Fluidmechanik der Surfboardfinnen. GRIN-Verlag GmbH München, ISBN(e-Book): 978-3-6684-3824-8, ISBN(Buch): 978-3-6684-3825-5

[Die 17-1]   Dienst, Mi. (2017) Zur numerischen Analyse einer Laborfinne. Mittelschnittverfahren und Manövrierleistung. GRIN-Verlag GmbH München, ISBN(Buch): 9783668374195.

[Die 16-12]   Dienst, Mi. (2016) LABORFINNE LABFin, Transactions in Suffering Innovations T001 SI482. GRIN-Verlag GmbH München, ISBN(e-Book): 9783668349360 ISBN(Buch): 9783668349377

[Die 16-5]   Dienst, Mi. (2016) Fast Fluid Computation, FFC (beinahe Strömungsberechnung). Das Traglinienverfahren zur Analyse einfacher Tragflächen. GRIN-Verlag GmbH München, ISBN (e-Book): 978-3-668-21346-3, ISBN (Buch): 978-3-668-21347-0

[DUB-95]   Dubbel, Handbuch des Maschinenbaus, Springer Verlag Berlin, 15.Auflage 1995.

[Eppl-90]   Richard Eppler: Airfoil Design and Data. Springer, Berlin, New York 1990.

[Fli-02]   Flindt, R. (2002) Biologie in Zahlen Berlin: Spektrum Akademischer Verl.

[Fren-94]   French, M.: Invention and Evolution: design in nature and engineering. Cambridge University Press. Cambridge 1994.

[Fren-99]   French, M.: Conceptual Design for Engineers. Berlin, Heidelberg, New York, London, Paris, Tokio: Springer: 1999

[Gel-10]   Produktinformation, 05 2010, GELITA 69412 Eberbach. www.gelita.com

[Guen-98]   Günther, B., Morgado, E. (1998) Dimensional analysis and allometric equations concerning Cope's rule. Revista Chilena de Historia Natural 71: 331-335, 1989

[Gör-75]   Görtler, H. Diemensionsanalyse. Berlin Springer 1975

[Gorr-17]   Edgar Gorrell, S. Martin: Aerofoils and Aerofoil Structural Combinations. In: NACA Technical Report. Nr. 18, 1917.

[Guen-66]   Günther, B., Leon, B. (1966) Theorie of biological Similarities, nondimensional Parameters and invariant Numbers. Bulletin of Mathematical Biophysics Volume 28, 1966.

[Gutm-89]   Gutmann, W.: Die Evolution hydraulischer Konstruktionen. Verlag W. Kramer: Frankfurt am Main, 1989.

[Hüt-07]   Hütte, 2007, 33. Auflage, Springer Verlag. S.E147

[Katz-01]   Joseph Katz, Allen Plotkin (2001) Low-Speed Aerodynamics (Cambridge Aerospace Series) Cambridge University Press; 2 edition (February 5, 2001)

[Lech-14]   Lecheler, S. (2014) Numerische Strömungsberechnung Springer Verlag Berlin Heidelberg. ISBN 978-3-658-05201-0

[Matt-97]   Mattheck, C.: Design in der Natur. Rombach Verlag. Freiburg 1997.

[Mial-05]   B. Mialon, M. Hepperle: "Flying Wing Aerodynamics Studies at ONERA and DLR", CEAS/KATnet Conference on Key Aerodynamic Technologies, 20.-22. Juni 2005, Bremen.

[Nac-01]   Nachtigall, W. (2001) Biomechanik. Braunschweig: Vieweg Verlag.

[Nach-98]   Nachtigall, W. : Bionik – Grundlagen und Beispiele für Ingenieure und Naturwissenschaftler. Springer-Verlag, Berlin-Heidelberg-New York 1998.

[Nach-00]   Nachtigall, Werner; Blüchel, Kurt. Das große Buch der Bionik. Stuttgart: Deutsche Verlags Anstalt: 2000.

[Oert-11]   Oertel jr., H., Böhle, M., Reviol, Th. (2011) Strömungsmechanik, Grundlagen. Springer Verlag Berlin Heidelberg. ISBN 978-3-8348-8110-6

[PaBe-93]   Pahl. G.; Beitz, W.: Konstruktionslehre, 3.Auflage. Berlin- Heidelberg-New York-London-Paris-Tokio: Springer 1993

[Pflu-96]   Pflumm, W. (1996) Biologie der Säugetiere. Berlin: Blackwell Wissenschaftsverlag.

[Scha-13]   Schade, H. (2013) Strömungslehre. De Gruyter Verlag. ISBN-13: 978-3110292213

[Schü-02]   Schütt, P., Schuck, H-J., Stimm, B. (2002) Lexikon der Baum- und Straucharten. Nikol, Hamburg, ISBN 3-933203-53-8

[Tham-08]   Slekmann, H.E., Thamsen, P. U. (2008) Strömungslehre Grundlagen, Springer Verlag Berlin Heidelberg. ISBN 978-3-540-73727-8

[Tho-59]   Thompson, D'Arcy, W. (1959) On Growth and Form. London: Cambridge University Press. (Neuauflage der Originalschrift 1907)

[Tho-92]   Thompson, D W., (1992). *On Growth and Form*. Dover reprint of 1942 2nd ed. (1st ed., 1917). ISBN 0-486-67135-6

[Zie - 72]   Zierep, J. (1972) Ähnlichkeitsgesetze und Modellregeln der Strömungslehre.

[Vos-15-2]   M. Voß, H.-D. Kleinschrodt, M. Dienst: "Experimentelle und numerische Untersuchung der Fluid-Struktur-Interaktion flexibler Tragflügelprofile", Resarch Day 2015 - Stadt der Zukunft Tagungsband - 21.04.2015, Mensch und Buch Verlag Berlin, S. 180- 184, Hrsg.: M. Gross, S. von Klinski, Beuth Hochschule für Technik Berlin, September 2015, ISBN:978-3-86387-595-4.

[Vos-15-1]   M. Voss, P.U. Thamsen, H.-D. Kleinschrodt, M. Dienst (2015): "Experimeltal and numerical investigation on fluid-structure-interaction of auto-adaptive flexible foils", Conference on Modelling Fluid Flow (CMFF'15), Budapest, Ungarn, 1.-4. September 2015, ISBN (Buch): 978-963-313-190-9.

[Vos-15-2]   M. Voss, (2015) Experimentelle und numerische Untersuchung flexibler Tragflügelprofile. Dissertation, Technische Universität Berlin 2015.

[W-1]   http://de.wikipedia.org/wiki/Profil (abgerufen 04042016)

[W-2]   The Airfoil Investigation Database, http://www.worldofkrauss.com/foils/578 (abgerufen 04042016)

[W-3]   UIUC Airfoil Coordinates Database, (abgerufen 04042016) http://www.ae.illinois.edu/m-selig/ads/coord_database.html

Potentialtheoretische Untersuchungen / PLT 006 Wasser Re 10E6

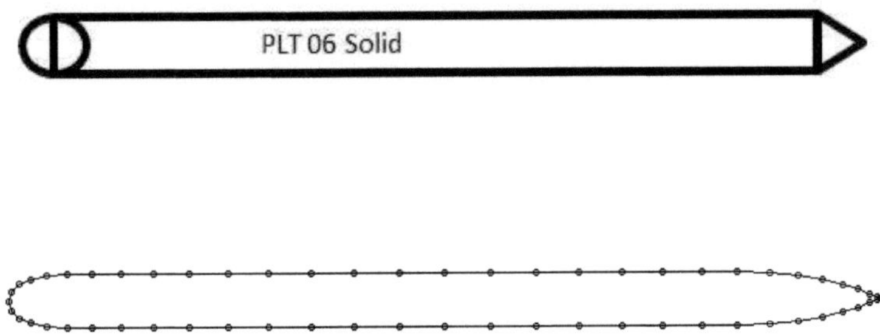

α	Re	Mach	Λ	Cl	Cd	Cm 0.25
[°]	[-]	[-]	[-]	[-]	[-]	[-]
5.000	100000	0.000	∞	0.458	0.04303	-0.002

x/c	y/c	v/V	δ_1	δ_2	δ_3	$Re\delta_2$	C_f	H_{12}	H_{32}	State	y1
[-]	[-]	[-]	[-]	[-]	[-]	[-]	[-]	[-]	[-]	[-]	[%]
1.0000	0.0000	0.3541	0.001138	0.007091	0.000590	251.1	0.0000	0.1605	0.0833	sep.	0.0000
0.9973	0.0012	0.5467	0.001138	0.007091	0.000590	387.7	0.0000	0.1605	0.0833	sep.	0.0000
0.9891	0.0047	0.8134	0.001138	0.007091	0.000590	576.8	0.0000	0.1605	0.0833	sep.	0.0000
0.9755	0.0097	0.9488	0.001138	0.007091	0.000590	672.8	0.0000	0.1605	0.0833	sep.	0.0000
0.9568	0.0156	1.0677	0.001138	0.007091	0.000590	757.2	0.0000	0.1605	0.0833	sep.	0.0000
0.9330	0.0212	1.1382	0.001138	0.007091	0.000590	807.1	0.0000	0.1605	0.0833	sep.	0.0000
0.9045	0.0257	1.1730	0.001138	0.007091	0.000590	831.8	0.0000	0.1605	0.0833	sep.	0.0000
0.8716	0.0286	1.1751	0.001138	0.007091	0.000590	833.3	0.0000	0.1605	0.0833	sep.	0.0000
0.8346	0.0298	1.1475	0.001138	0.007091	0.000590	813.8	0.0000	0.1605	0.0833	sep.	0.0000
0.7939	0.0300	1.1186	0.001138	0.007091	0.000590	793.3	0.0000	0.1605	0.0833	sep.	0.0000
0.7500	0.0300	1.1066	0.001138	0.007091	0.000590	784.7	0.0000	0.1605	0.0833	sep.	0.0000
0.7034	0.0300	1.1036	0.001138	0.007091	0.000590	782.6	0.0000	0.1605	0.0833	sep.	0.0000
0.6545	0.0300	1.1044	0.001138	0.007091	0.000590	783.2	0.0000	0.1605	0.0833	sep.	0.0000
0.6040	0.0300	1.1079	0.001138	0.007091	0.000590	785.7	0.0000	0.1605	0.0833	sep.	0.0000
0.5523	0.0300	1.1135	0.001138	0.007091	0.000590	789.6	0.0000	0.1605	0.0833	sep.	0.0000
0.5000	0.0300	1.1210	0.001138	0.007091	0.000590	794.9	0.0000	0.1605	0.0833	sep.	0.0000
0.4477	0.0300	1.1304	0.001138	0.007091	0.000590	801.6	0.0000	0.1605	0.0833	sep.	0.0000
0.3960	0.0300	1.1420	0.001138	0.007091	0.000590	809.9	0.0000	0.1605	0.0833	sep.	0.0000
0.3455	0.0300	1.1561	0.001138	0.007091	0.000590	819.9	0.0000	0.1605	0.0833	sep.	0.0000
0.2966	0.0300	1.1734	0.001138	0.007091	0.000590	832.1	0.0000	0.1605	0.0833	sep.	0.0000
0.2500	0.0300	1.1949	0.001138	0.007091	0.000590	847.3	0.0000	0.1605	0.0833	sep.	0.0000
0.2061	0.0300	1.2222	0.001138	0.007091	0.000590	866.7	0.0000	0.1605	0.0833	sep.	0.0000
0.1654	0.0300	1.2582	0.001138	0.007091	0.000590	892.2	0.0000	0.1605	0.0833	sep.	0.0000
0.1284	0.0300	1.3081	0.001138	0.007091	0.000590	927.6	0.0000	0.1605	0.0833	sep.	0.0000
0.0955	0.0300	1.3972	0.001138	0.007091	0.000590	990.8	0.0000	0.1605	0.0833	sep.	0.0000
0.0670	0.0294	1.5186	0.001138	0.007091	0.000590	1076.9	0.0000	0.1605	0.0833	sep.	0.0000
0.0432	0.0277	1.6925	0.001138	0.007091	0.000590	1200.2	0.0000	0.1605	0.0833	turb.	0.0000
0.0245	0.0243	1.9065	0.000392	0.000165	0.000264	35.2	0.0169	2.3749	1.5998	lam.	0.0109

0.0109	0.0188	2.1240	0.000240	0.000107	0.000174	20.7	0.0348	2.2366	1.6200	lam.	0.0076
0.0027	0.0107	1.9291	0.000231	0.000103	0.000168	11.7	0.0612	2.2356	1.6201	lam.	0.0057
0.0000	0.0000	1.1258	0.000092	0.000041	0.000066	1.3	0.0001	2.2364	1.6200	lam.	0.1414
0.0027	-0.0107	0.2584	0.000001	0.000000	0.000001	0.0	0.0000	2.2364	1.6200	lam.	0.0000
0.0109	-0.0188	0.4117	0.000098	0.000044	0.000071	1.2	0.0001	2.2364	1.6200	lam.	0.1414
0.0245	-0.0243	0.6992	0.000538	0.000237	0.000383	9.8	0.0701	2.2660	1.6153	lam.	0.0053
0.0432	-0.0277	0.8038	0.000467	0.000209	0.000340	14.6	0.0495	2.2292	1.6211	lam.	0.0064
0.0670	-0.0294	0.8368	0.000740	0.000316	0.000508	25.4	0.0246	2.3387	1.6048	lam.	0.0090
0.0955	-0.0300	0.8491	0.001098	0.000448	0.000712	37.5	0.0143	2.4524	1.5894	lam.	0.0118
0.1284	-0.0300	0.8531	0.001442	0.000573	0.000907	48.7	0.0101	2.5154	1.5815	lam.	0.0141
0.1654	-0.0300	0.8664	0.001792	0.000701	0.001106	59.8	0.0077	2.5560	1.5767	lam.	0.0161
0.2061	-0.0300	0.8794	0.001964	0.000792	0.001257	68.7	0.0075	2.4785	1.5861	lam.	0.0163
0.2500	-0.0300	0.8916	0.002174	0.000882	0.001401	77.6	0.0068	2.4645	1.5878	lam.	0.0172
0.2966	-0.0300	0.9030	0.002373	0.000965	0.001533	86.1	0.0062	2.4587	1.5886	lam.	0.0180
0.3455	-0.0300	0.9136	0.002568	0.001046	0.001662	94.5	0.0056	2.4549	1.5890	lam.	0.0188
0.3960	-0.0300	0.9235	0.002748	0.001121	0.001782	102.4	0.0052	2.4517	1.5895	lam.	0.0196
0.4477	-0.0300	0.9331	0.002919	0.001193	0.001897	110.2	0.0049	2.4475	1.5900	lam.	0.0202
0.5000	-0.0300	0.9425	0.003072	0.001258	0.002001	117.4	0.0046	2.4420	1.5907	lam.	0.0208
0.5523	-0.0300	0.9520	0.003211	0.001319	0.002100	124.3	0.0044	2.4343	1.5917	lam.	0.0213
0.6040	-0.0300	0.9618	0.003325	0.001372	0.002186	130.6	0.0043	2.4237	1.5931	lam.	0.0217
0.6545	-0.0300	0.9724	0.003416	0.001418	0.002262	136.4	0.0042	2.4085	1.5951	lam.	0.0219
0.7034	-0.0300	0.9845	0.003471	0.001454	0.002323	141.4	0.0041	2.3872	1.5979	lam.	0.0220
0.7500	-0.0300	0.9994	0.003478	0.001476	0.002365	145.4	0.0042	2.3561	1.6022	lam.	0.0219
0.7939	-0.0300	1.0223	0.003418	0.001480	0.002381	147.9	0.0044	2.3091	1.6089	lam.	0.0214
0.8346	-0.0298	1.0607	0.003204	0.001443	0.002342	147.6	0.0049	2.2200	1.6227	lam.	0.0201
0.8716	-0.0286	1.0984	0.002818	0.001346	0.002215	142.8	0.0061	2.0940	1.6454	lam.	0.0182
0.9045	-0.0257	1.1086	0.002630	0.001277	0.002110	140.2	0.0065	2.0603	1.6524	lam.	0,0176
0.9330	-0.0212	1.0874	0.002894	0.001323	0.002153	146.7	0.0052	2.1881	1.6278	lam.	0.0196
0.9568	-0.0156	1.0307	0.003857	0.001494	0.002351	162.5	0.0027	2.5815	1.5732	lam.	0.0270
0.9755	-0.0097	0.9249	0.005523	0.004158	0.002885	384.6	0.0000	1.3282	0.6939	turb.	0.0000
0.9891	-0.0047	0.8002	0.005523	0.004158	0.002885	332.7	0.0000	1.3282	0.6939	sep.	0.0000
0.9973	-0.0012	0.5415	0.005523	0.004158	0.002885	225.2	0.0000	1.3282	0.6939	sep.	0.0000
1.0000	0.0000	0.3541	0.005523	0.004158	0.002885	147.2	0.0000	1.3282	0.6939	sep.	0.0000

α	Re	Mach	Λ	Cl	Cd	Cm 0.25
[°]	[-]	[-]	[-]	[-]	[-]	[-]
6.000	100000	0.000	∞	0.540	0.04862	-0.003

x/c	y/c	v/V	δ_1	δ_2	δ_3	Reδ_2	C_f	H_12	H_32	State	y1
[-]	[-]	[-]	[-]	[-]	[-]	[-]	[-]	[-]	[-]	[-]	[%]
1.0000	0.0000	0.3535	0.000931	0.008785	0.000488	310.5	0.0000	0.1060	0.0555	sep.	0.0000
0.9973	0.0012	0.5463	0.000931	0.008785	0.000488	479.9	0.0000	0.1060	0.0555	sep.	0.0000
0.9891	0.0047	0.8134	0.000931	0.008785	0.000488	714.5	0.0000	0.1060	0.0555	sep.	0.0000
0.9755	0.0097	0.9496	0.000931	0.008785	0.000488	834.2	0.0000	0.1060	0.0555	sep.	0.0000
0.9568	0.0156	1.0696	0.000931	0.008785	0.000488	939.6	0.0000	0.1060	0.0555	sep.	0.0000
0.9330	0.0212	1.1414	0.000931	0.008785	0.000488	1002.6	0.0000	0.1060	0.0555	sep.	0.0000
0.9045	0.0257	1.1775	0.000931	0.008785	0.000488	1034.3	0.0000	0.1060	0.0555	sep.	0.0000
0.8716	0.0286	1.1808	0.000931	0.008785	0.000488	1037.3	0.0000	0.1060	0.0555	sep.	0.0000
0.8346	0.0298	1.1543	0.000931	0.008785	0.000488	1014.0	0.0000	0.1060	0.0555	sep.	0.0000
0.7939	0.0300	1.1264	0.000931	0.008785	0.000488	989.5	0.0000	0.1060	0.0555	sep.	0.0000
0.7500	0.0300	1.1155	0.000931	0.008785	0.000488	979.9	0.0000	0.1060	0.0555	sep.	0.0000
0.7034	0.0300	1.1137	0.000931	0.008785	0.000488	978.3	0.0000	0.1060	0.0555	sep.	0.0000
0.6545	0.0300	1.1158	0.000931	0.008785	0.000488	980.2	0.0000	0.1060	0.0555	sep.	0.0000
0.6040	0.0300	1.1207	0.000931	0.008785	0.000488	984.5	0.0000	0.1060	0.0555	sep.	0.0000
0.5523	0.0300	1.1278	0.000931	0.008785	0.000488	990.8	0.0000	0.1060	0.0555	sep.	0.0000
0.5000	0.0300	1.1370	0.000931	0.008785	0.000488	998.8	0.0000	0.1060	0.0555	sep.	0.0000
0.4477	0.0300	1.1484	0.000931	0.008785	0.000488	1008.8	0.0000	0.1060	0.0555	sep.	0.0000
0.3960	0.0300	1.1621	0.000931	0.008785	0.000488	1020.8	0.0000	0.1060	0.0555	sep.	0.0000
0.3455	0.0300	1.1786	0.000931	0.008785	0.000488	1035.3	0.0000	0.1060	0.0555	sep.	0.0000
0.2966	0.0300	1.1987	0.000931	0.008785	0.000488	1053.0	0.0000	0.1060	0.0555	sep.	0.0000
0.2500	0.0300	1.2234	0.000931	0.008785	0.000488	1074.7	0.0000	0.1060	0.0555	sep.	0.0000
0.2061	0.0300	1.2546	0.000931	0.008785	0.000488	1102.1	0.0000	0.1060	0.0555	sep.	0.0000
0.1654	0.0300	1.2955	0.000931	0.008785	0.000488	1138.0	0.0000	0.1060	0.0555	sep.	0.0000
0.1284	0.0300	1.3517	0.000931	0.008785	0.000488	1187.4	0.0000	0.1060	0.0555	sep.	0.0000
0.0955	0.0300	1.4499	0.000931	0.008785	0.000488	1273.7	0.0000	0.1060	0.0555	sep.	0.0000
0.0670	0.0294	1.5846	0.000931	0.008785	0.000488	1392.0	0.0000	0.1060	0.0555	sep.	0.0000
0.0432	0.0277	1.7790	0.000931	0.008785	0.000488	1562.8	0.0000	0.1060	0.0555	sep.	0.0000
0.0245	0.0243	2.0247	0.000931	0.008785	0.000488	1778.6	0.0000	0.1060	0.0555	lam.	0.0000
0.0109	0.0188	2.2926	0.000241	0.000108	0.000174	23.6	0.0305	2.2371	1.6199	lam.	0.0081
0.0027	0.0107	2.1457	0.000232	0.000104	0.000169	14.1	0.0510	2.2310	1.6208	lam.	0.0063
0.0000	0.0000	1.3502	0.000444	0.000197	0.000320	9.4	0.0745	2.2460	1.6185	lam.	0.0052
0.0027	-0.0107	0.4778	0.000101	0.000045	0.000073	1.1	0.0001	2.2364	1.6200	lam.	0.1414
0.0109	-0.0188	0.2389	0.000001	0.000000	0.000001	0.0	0.0000	2.2364	1.6200	lam.	0.0000
0.0245	-0.0243	0.5767	0.000101	0.000045	0.000073	1.1	0.0001	2.2364	1.6200	lam.	0.1414
0.0432	-0.0277	0.7131	0.000425	0.000190	0.000307	10.9	0.0648	2.2396	1.6195	lam.	0.0056
0.0670	-0.0294	0.7669	0.000690	0.000300	0.000482	21.4	0.0306	2.3038	1.6098	lam.	0.0081
0.0955	-0.0300	0.7926	0.001021	0.000426	0.000681	32.8	0.0177	2.3950	1.5970	lam.	0.0106
0.1284	-0.0300	0.8059	0.001345	0.000548	0.000871	43.4	0.0123	2.4549	1.5891	lam.	0.0128
0.1654	-0.0300	0.8256	0.001675	0.000671	0.001063	54.1	0.0093	2.4951	1.5840	lam.	0.0146
0.2061	-0.0300	0.8435	0.001857	0.000761	0.001211	62.9	0.0087	2.4391	1.5911	lam.	0.0152
0.2500	-0.0300	0.8597	0.002067	0.000850	0.001353	71.7	0.0077	2.4329	1.5919	lam.	0.0162
0.2966	-0.0300	0.8743	0.002264	0.000931	0.001483	80.1	0.0069	2.4314	1.5921	lam.	0.0171
0.3455	-0.0300	0.8876	0.002457	0.001011	0.001610	88.4	0.0062	2.4304	1.5922	lam.	0.0179
0.3960	-0.0300	0.9000	0.002635	0.001085	0.001727	96.3	0.0057	2.4292	1.5923	lam.	0.0187
0.4477	-0.0300	0.9117	0.002804	0.001155	0.001840	104.0	0.0053	2.4267	1.5927	lam.	0.0194
0.5000	-0.0300	0.9230	0.002954	0.001220	0.001943	111.2	0.0050	2.4226	1.5932	lam.	0.0200
0.5523	-0.0300	0.9342	0.003091	0.001279	0.002039	118.1	0.0047	2.4161	1.5941	lam.	0.0205
0.6040	-0.0300	0.9455	0.003204	0.001331	0.002124	124.4	0.0046	2.4068	1.5953	lam.	0.0209
0.6545	-0.0300	0.9575	0.003294	0.001377	0.002199	130.2	0.0044	2.3930	1.5971	lam.	0.0212
0.7034	-0.0300	0.9709	0.003350	0.001411	0.002258	135.2	0.0044	2.3734	1.5998	lam.	0.0213
0.7500	-0.0300	0.9870	0.003361	0.001434	0.002299	139.2	0.0044	2.3444	1.6038	lam.	0.0212

0.7939	-0.0300	1.0109	0.003306	0.001437	0.002314	141.9	0.0046	2.3004	1.6102	lam.	0.0208
0.8346	-0.0298	1.0502	0.003107	0.001402	0.002276	141.8	0.0052	2.2160	1.6233	lam.	0.0197
0.8716	-0.0286	1.0889	0.002742	0.001308	0.002152	137.4	0.0063	2.0959	1.6450	lam.	0.0178
0.9045	-0.0257	1.1003	0.002565	0.001242	0.002050	135.2	0.0067	2.0656	1.6513	lam.	0.0173
0.9330	-0.0212	1.0804	0.002819	0.001285	0.002091	141.5	0.0053	2.1932	1.6269	lam.	0.0194
0.9568	-0.0156	1.0253	0.003730	0.001449	0.002280	156.5	0.0029	2.5745	1.5740	lam.	0.0263
0.9755	-0.0097	0.9209	0.005416	0.004086	0.002807	376.3	0.0000	1.3256	0.6870	turb.	0.0000
0.9891	-0.0047	0.7975	0.005416	0.004086	0.002807	325.8	0.0000	1.3256	0.6870	sep.	0.0000
0.9973	-0.0012	0.5400	0.005416	0.004086	0.002807	220.6	0.0000	1.3256	0.6870	sep.	0.0000
1.0000	0.0000	0.3535	0.005416	0.004086	0.002807	144.4	0.0000	1.3256	0.6870	sep.	0.0000

α	Cl	Cd	Cm 0.25	T.U.	T.L.	S.U.	S.L.	L/D	A.C.	C.P.
[°]	[-]	[-]	[-]	[-]	[-]	[-]	[-]	[-]	[-]	[-]
-50.0	-0.151	1.00743	0.012	0.501	0.006	0.501	0.036	-0.150	0.255	0.327
-49.0	-0.157	0.95282	0.012	0.501	0.006	0.501	0.035	-0.164	0.257	0.325
-48.0	-0.162	0.97476	0.012	0.501	0.006	0.501	0.035	-0.167	0.254	0.322
-47.0	-0.169	0.92867	0.012	0.501	0.006	0.501	0.034	-0.182	0.248	0.320
-46.0	-0.176	0.89183	0.012	0.501	0.006	0.501	0.034	-0.197	0.249	0.317
-45.0	-0.183	0.87207	0.012	0.501	0.006	0.501	0.034	-0.210	0.247	0.314
-44.0	-0.191	0.84391	0.012	0.500	0.006	0.500	0.033	-0.226	0.350	0.311
-43.0	-0.199	0.83446	0.013	0.969	0.005	0.986	0.033	-0.239	0.338	0.317
-42.0	-0.208	0.76252	0.013	0.968	0.005	0.986	0.032	-0.273	0.235	0.314
-41.0	-0.218	0.74212	0.013	0.967	0.005	0.986	0.031	-0.294	0.236	0.310
-40.0	-0.228	0.73743	0.013	0.966	0.005	0.985	0.030	-0.310	0.233	0.307
-39.0	-0.240	0.69441	0.013	0.966	0.005	0.983	0.029	-0.345	0.231	0.303
-38.0	-0.252	0.67177	0.013	0.965	0.005	0.983	0.027	-0.375	0.233	0.300
-37.0	-0.265	0.65427	0.012	0.964	0.005	0.982	0.026	-0.405	0.234	0.296
-36.0	-0.280	0.64155	0.012	0.964	0.005	0.982	0.025	-0.436	0.235	0.293
-35.0	-0.295	0.64738	0.012	0.963	0.005	0.982	0.024	-0.456	0.237	0.290
-34.0	-0.312	0.60276	0.012	0.962	0.005	0.980	0.024	-0.517	0.237	0.287
-33.0	-0.330	0.56016	0.011	0.962	0.005	0.979	0.023	-0.589	0.238	0.285
-32.0	-0.350	0.52295	0.011	0.962	0.005	0.979	0.023	-0.668	0.241	0.282
-31.0	-0.371	0.48644	0.011	0.961	0.005	0.978	0.023	-0.762	0.242	0.280
-30.0	-0.394	0.46246	0.011	0.961	0.005	0.978	0.024	-0.851	0.242	0.278
-29.0	-0.418	0.43745	0.011	0.960	0.005	0.978	0.024	-0.956	0.241	0.275
-28.0	-0.445	0.38836	0.010	0.960	0.005	0.976	0.024	-1.145	0.242	0.273
-27.0	-0.473	0.36347	0.010	0.960	0.005	0.975	0.024	-1.302	0.244	0.272
-26.0	-0.504	0.33281	0.010	0.959	0.006	0.974	0.026	-1.514	0.244	0.270
-25.0	-0.536	0.30258	0.010	0.958	0.006	0.974	0.027	-1.772	0.244	0.268
-24.0	-0.570	0.27917	0.010	0.958	0.006	0.971	0.029	-2.043	0.244	0.267
-23.0	-0.606	0.25624	0.009	0.958	0.006	0.971	0.030	-2.366	0.242	0.266
-22.0	-0.643	0.24156	0.009	0.957	0.006	0.971	0.030	-2.662	0.242	0.264
-21.0	-0.681	0.21669	0.009	0.955	0.006	0.972	0.031	-3.141	0.243	0.263
-20.0	-0.719	0.19829	0.009	0.954	0.006	0.972	0.033	-3.624	0.243	0.262
-19.0	-0.756	0.17732	0.008	0.953	0.007	0.973	0.034	-4.261	0.242	0.261
-18.0	-0.791	0.15630	0.008	0.952	0.008	0.972	0.037	-5.059	0.240	0.260
-17.0	-0.822	0.14244	0.008	0.951	0.009	0.971	0.037	-5.770	0.238	0.259
-16.0	-0.848	0.12674	0.007	0.950	0.009	0.971	0.039	-6.693	0.232	0.259
-15.0	-0.867	0.11252	0.007	0.949	0.011	0.970	0.036	-7.703	0.219	0.258
-14.0	-0.877	0.10095	0.006	0.948	0.012	0.970	0.037	-8.691	0.184	0.257
-13.0	-0.878	0.09005	0.006	0.947	0.012	0.969	0.039	-9.750	0.320	0.257
-12.0	-0.867	0.07943	0.006	0.946	0.013	0.968	0.042	-10.918	0.266	0.257
-11.0	-0.846	0.06935	0.006	0.946	0.013	0.968	0.056	-12.202	0.258	0.257
-10.0	-0.811	0.06055	0.005	0.945	0.013	0.968	0.065	-13.401	0.257	0.256
-9.0	-0.765	0.05236	0.005	0.944	0.014	0.968	0.082	-14.615	0.254	0.256

-8.0	-0.707	0.04339	0.005	0.943	0.014	0.966	0.122	-16.285	14.180	0.257
-7.0	-0.765	0.01080	0.006	0.942	0.015	0.966	0.983	-70.831	0.232	0.258
-6.0	-0.669	0.00505	0.005	0.942	0.017	0.965	0.985	-132.643	0.259	0.258
-5.0	-0.567	0.00479	0.005	0.941	0.019	0.965	0.986	-118.222	0.259	0.258
-4.0	-0.459	0.00462	0.004	0.941	0.022	0.965	0.986	-99.294	0.258	0.258
-3.0	-0.347	0.00444	0.003	0.940	0.029	0.964	0.987	-78.245	0.258	0.258
-2.0	-0.233	0.00432	0.002	0.939	0.036	0.964	0.987	-53.949	0.258	0.258
-1.0	-0.117	0.00418	0.001	0.939	0.046	0.964	0.987	-28.044	0.258	0.258
0.0	0.000	0.00442	-0.000	0.062	0.062	0.988	0.988	0.000	0.258	0.250
1.0	0.117	0.00418	-0.001	0.046	0.939	0.987	0.964	28.044	0.258	0.258
2.0	0.233	0.00432	-0.002	0.036	0.939	0.987	0.964	53.949	0.258	0.258
3.0	0.347	0.00444	-0.003	0.029	0.940	0.987	0.964	78.245	0.258	0.258
4.0	0.459	0.00462	-0.004	0.022	0.941	0.986	0.965	99.294	0.258	0.258
5.0	0.567	0.00479	-0.005	0.019	0.941	0.986	0.965	118.222	0.259	0.258
6.0	0.669	0.00505	-0.005	0.017	0.942	0.985	0.965	132.643	0.259	0.258
7.0	0.765	0.01080	-0.006	0.015	0.942	0.983	0.966	70.831	0.232	0.258
8.0	0.707	0.04339	-0.005	0.014	0.943	0.122	0.966	16.285	14.180	0.257
9.0	0.765	0.05236	-0.005	0.014	0.944	0.082	0.968	14.615	0.254	0.256
10.0	0.811	0.06055	-0.005	0.013	0.945	0.065	0.968	13.401	0.257	0.256
11.0	0.846	0.06935	-0.006	0.013	0.946	0.056	0.968	12.202	0.258	0.257
12.0	0.867	0.07943	-0.006	0.013	0.946	0.042	0.968	10.918	0.266	0.257
13.0	0.878	0.09005	-0.006	0.012	0.947	0.039	0.969	9.750	0.320	0.257
14.0	0.877	0.10095	-0.006	0.012	0.948	0.037	0.970	8.691	0.184	0.257
15.0	0.867	0.11252	-0.007	0.011	0.949	0.036	0.970	7.703	0.219	0.258
16.0	0.848	0.12674	-0.007	0.009	0.950	0.039	0.971	6.693	0.232	0.259
17.0	0.822	0.14244	-0.008	0.009	0.951	0.037	0.971	5.770	0.238	0.259
18.0	0.791	0.15630	-0.008	0.008	0.952	0.037	0.972	5.059	0.240	0.260
19.0	0.756	0.17732	-0.008	0.007	0.953	0.034	0.973	4.261	0.242	0.261
20.0	0.719	0.19829	-0.009	0.006	0.954	0.033	0.972	3.624	0.243	0.262
21.0	0.681	0.21669	-0.009	0.006	0.955	0.031	0.972	3.141	0.243	0.263
22.0	0.643	0.24156	-0.009	0.006	0.957	0.030	0.971	2.662	0.242	0.264
23.0	0.606	0.25624	-0.009	0.006	0.958	0.030	0.971	2.366	0.242	0.266
24.0	0.570	0.27917	-0.010	0.006	0.958	0.029	0.971	2.043	0.244	0.267
25.0	0.536	0.30258	-0.010	0.006	0.958	0.027	0.974	1.772	0.244	0.268
26.0	0.504	0.33281	-0.010	0.006	0.959	0.026	0.974	1.514	0.244	0.270
27.0	0.473	0.36347	-0.010	0.005	0.960	0.024	0.975	1.302	0.244	0.272
28.0	0.445	0.38836	-0.010	0.005	0.960	0.024	0.976	1.145	0.242	0.273
29.0	0.418	0.43745	-0.011	0.005	0.960	0.024	0.978	0.956	0.241	0.275
30.0	0.394	0.46246	-0.011	0.005	0.961	0.024	0.978	0.851	0.242	0.278
31.0	0.371	0.48644	-0.011	0.005	0.961	0.023	0.978	0.762	0.242	0.280
32.0	0.350	0.52295	-0.011	0.005	0.962	0.023	0.979	0.668	0.241	0.282
33.0	0.330	0.56016	-0.011	0.005	0.962	0.023	0.979	0.589	0.238	0.285
34.0	0.312	0.60276	-0.012	0.005	0.962	0.024	0.980	0.517	0.237	0.287
35.0	0.295	0.64738	-0.012	0.005	0.963	0.024	0.982	0.456	0.237	0.290
36.0	0.280	0.64155	-0.012	0.005	0.964	0.025	0.982	0.436	0.235	0.293
37.0	0.265	0.65427	-0.012	0.005	0.964	0.026	0.982	0.405	0.234	0.296
38.0	0.252	0.67177	-0.013	0.005	0.965	0.027	0.983	0.375	0.233	0.300
39.0	0.240	0.69441	-0.013	0.005	0.966	0.029	0.983	0.345	0.231	0.303
40.0	0.228	0.73743	-0.013	0.005	0.966	0.030	0.985	0.310	0.233	0.307
41.0	0.218	0.74212	-0.013	0.005	0.967	0.031	0.986	0.294	0.236	0.310
42.0	0.208	0.76252	-0.013	0.005	0.968	0.032	0.986	0.273	0.235	0.314
43.0	0.199	0.83446	-0.013	0.005	0.969	0.033	0.986	0.239	0.338	0.317
44.0	0.191	0.84391	-0.012	0.006	0.500	0.033	0.500	0.226	0.350	0.311
45.0	0.183	0.87207	-0.012	0.006	0.501	0.034	0.501	0.210	0.247	0.314
46.0	0.176	0.89183	-0.012	0.006	0.501	0.034	0.501	0.197	0.249	0.317
47.0	0.169	0.92867	-0.012	0.006	0.501	0.034	0.501	0.182	0.248	0.320
48.0	0.162	0.97476	-0.012	0.006	0.501	0.035	0.501	0.167	0.254	0.322
49.0	0.157	0.95282	-0.012	0.006	0.501	0.035	0.501	0.164	0.259	0.325

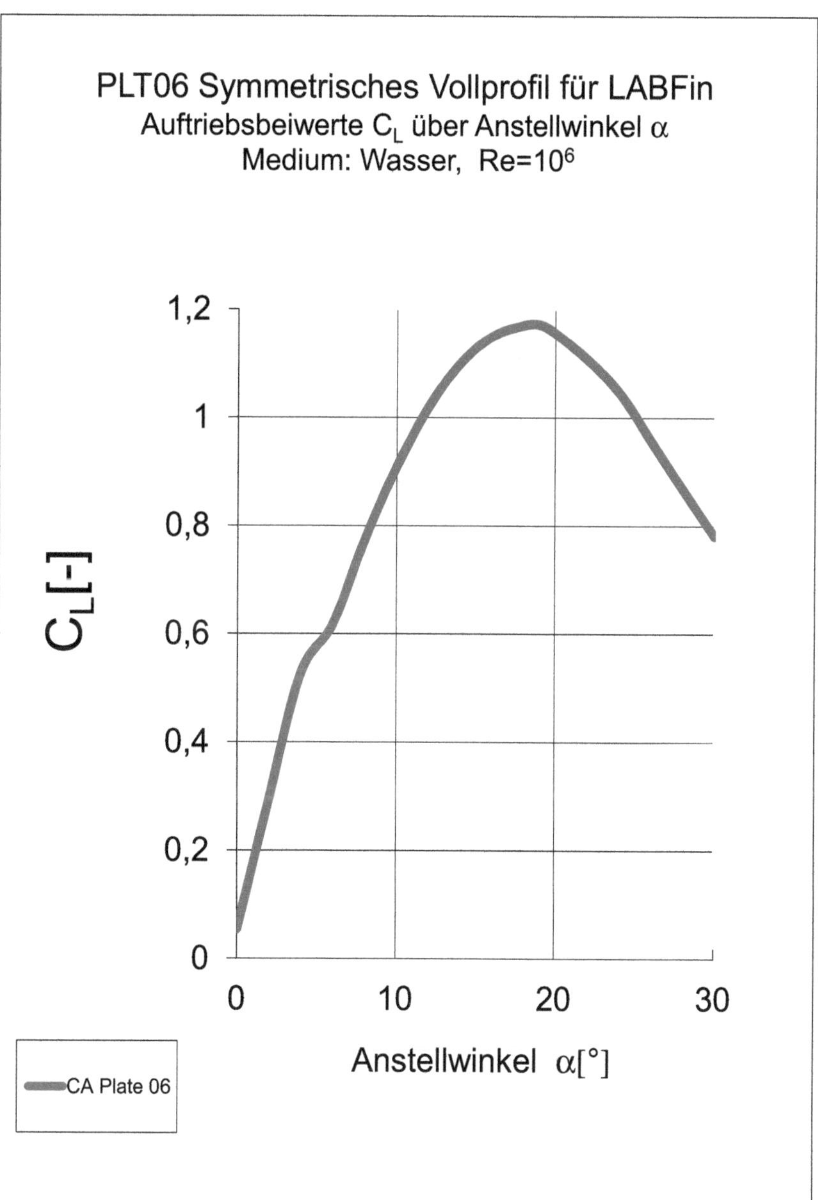

PLT06 Symmetrisches Vollprofil für LABFin
Auftriebsbeiwerte C_L über Anstellwinkel α
Medium: Wasser, Re=10^6
1,2
1
0,8
0,6
0,4
0,2
0
C_L[-]
0
10
20
30
Anstellwinkel α[°]
CA Plate 06